企业安全生产法律责任丛书

企业负责人安全生产法律责任

刘松涛　主编

中国劳动社会保障出版社

图书在版编目（CIP）数据

企业负责人安全生产法律责任/刘松涛主编. —北京：中国劳动社会保障出版社，2012

（企业安全生产法律责任丛书）

ISBN 978-7-5045-9643-7

Ⅰ.①企… Ⅱ.①刘… Ⅲ.①企业领导-安全生产-法律-责任制-中国 Ⅳ.①D922.54

中国版本图书馆 CIP 数据核字（2012）第 059873 号

中国劳动社会保障出版社出版发行

（北京市惠新东街 1 号 邮政编码：100029）

出 版 人：张梦欣

*

北京市艺辉印刷有限公司印刷装订 新华书店经销

880 毫米×1230 毫米 32 开本 8.75 印张 214 千字

2012 年 4 月第 1 版 2012 年 4 月第 1 次印刷

定价：27.00 元

读者服务部电话：010-64929211/64921644/84643933

发行部电话：010-64961894

出版社网址：http://www.class.com.cn

内容简介

本书根据安全生产相关法律法规规定，全面阐述了企业负责人的安全生产责任。全书以企业负责人必须掌握的安全生产基础知识、安全生产管理知识和安全生产法律职责为出发点，为企业相关人员能够明确自身的安全生产责任和义务提供指导，同时配有与之对应的法律法规规定供参考学习与查询。

本书主要内容包括企业负责人应该承担的法律责任：掌握安全生产管理知识、建立健全安全生产责任制的责任，组织制定安全生产规章制度的责任，保证安全生产投入有效实施的责任，严抓隐患排查与治理的责任，制定、实施事故应急救援预案的责任，依法报告生产安全事故、协助事故调查的责任。

本书可供企业相关负责人阅读，也可供安全生产执法人员和管理人员以及从事安全生产相关工作人员参考学习，还可以作为企业安全生产普法宣教用书。

前言

《安全生产法》第四条明确规定："生产经营单位必须遵守本法和其他有关安全生产的法律、法规，加强安全生产管理，建立、健全安全生产责任制度，完善安全生产条件，确保安全生产。"我国的安全生产方针是"安全第一，预防为主，综合治理"，要求企业管理坚持"管生产的同时必须管安全"这一原则。为了执行安全生产方针和原则，加强企业安全生产责任制建设一直是我国安全生产法律法规中的重要内容之一。企业是安全生产的责任主体，法律法规要求企业必须建立安全生产责任制，把"安全生产，人人有责"从制度上固定下来。企业的所有从业人员，从法定代表人到每一名职工，都要依据法律法规的规定，切实履行本单位的安全生产职责，把安全生产的责任落实到每一个环节、每一个岗位、每一个人，从而增强各级机构和人员的责任心，使安全管理工作既做到责任明确，又相互协调配合，共同努力把安全生产工作落到实处。

实践证明，凡是建立、健全安全生产责任制度的企业，各级领导重视安全生产、劳动保护工作，切实贯彻执行党的安全生产、劳动保护方针和政策及国家安全生产、劳动保护法规，在认真负责地组织生产的同时，积极采取措施，改善劳动条件，工伤事故和职业病就会减少；反之，就会职责不清、相互推诿，而使安全生产、劳动保护工作无人负责、无法进行，工伤事故与职业病就会不断发生。因此，加强企业安全生产法律责任落实，实现责任分明、各司其职、各负其责，将法规赋予生产经营单位和企业的安全生产责任由大家共同承担，安全生产工作才能形成一个整体，及时消除各类生产安全事故隐患，从而避免或减少事故的发生。

为了使企业相关人员能够对自身安全生产法律责任有明确的认识，掌握实际工作中的责任和义务，落实相关法律法规规定，从而为企业安全生产承担应有责任，我们组织相关专家和学者组成丛书编写组，编写了这套“企业安全生产法律责任丛书”。本套丛书以安全生产法律责任为主线，全部内容包括了企业负责人、安全生产管理人员或安全员、一般从业人员应该掌握的安全生产法律法规规定的职责和义务，同时兼顾安全生产基础知识与管理知识的讲解，还附有相关法律法规原文供读者学习与查询。

“企业安全生产法律责任丛书”编写组人员有：刘松涛、杨勇、任彦斌、佟瑞鹏、孙超、秦伟、黄小明、周志杰、高云增、刘文杰、陈大伟、王兵建、张斌、焦宇、韩雪萍、徐敏、张兵、彭智军、李明铭、高虎。丛书在编写过程中参考了很多资料与书籍，在此特向有关作者表示感谢。由于时间仓促，书中难免有不妥之处，敬请广大读者不吝赐教。

“企业安全生产法律责任丛书”编写组

2012 年 4 月

目录

CONTENTS

第一章　掌握安全生产管理知识、建立健全安全生产责任制的责任

第一节　安全生产管理基础知识

一、安全生产管理基本概念

安全是人类生存和发展活动永恒的主题，安全生产管理作为生产的重要组成部分，在其长期发展历程中产生了以下基本概念：

1. 劳动保护

劳动保护是依靠科学技术和管理，采取技术措施和管理措施，消除生产过程中危及人身安全和健康的不良环境、不安全设备和设施、不安全场所和不安全行为，防止伤亡事故和职业危害，保障劳动者在生产过程中的安全与健康的总称。

2. 安全生产

安全生产是为了使生产过程在符合物质条件和工作秩序下进行，防止发生人身伤亡和财产损失等生产事故，消除或控制危险有害因素，保障人身安全与健康、设备和设施免受损坏、环境免遭破坏的总称。

3. 职业安全卫生

职业安全卫生是安全生产、劳动保护和职业卫生的统称，它是以保障劳动者在劳动过程中的安全和健康为目的的工作领域，以及在法律法规、技术、设备与设施、组织制度、管理机制、宣传教育等方面的所有措施、活动和事物。

4. 事故

事故是造成人员死亡、伤害、职业病、财产损失或其他损失的

意外事件。统计中，将工伤事故分为20类，分别为：物体打击、车辆伤害、机械伤害、起重伤害、触电、淹溺、灼烫、火灾、高处坠落、坍塌、冒顶片帮、透水、放炮、瓦斯爆炸、火药爆炸、锅炉爆炸、容器爆炸、其他爆炸、中毒和窒息及其他伤害等。

5. 事故隐患

事故隐患是生产系统中可导致事故发生的人的不安全行为、物的不安全状态和管理上的缺陷。可将事故隐患归纳为21类，即火灾、爆炸、中毒和窒息、水害、坍塌、滑坡、泄漏、腐蚀、触电、坠落、机械伤害、煤与瓦斯突出、公路设施伤害、公路车辆伤害、铁路设施伤害、铁路车辆伤害、水上运输伤害、港口码头伤害、空中运输伤害、航空港伤害及其他隐患等。

6. 危险

危险是系统中存在导致发生不期望后果的可能性超过了人们的承受程度。危险度是事故发生的可能性与严重性的二元函数，是两者的结合。从危险的概念中可以看出，危险是人们对事物的具体认识，必须指明具体对象，如危险环境、危险条件、危险状态、危险物质、危险场所、危险人员、危险因素等。

7. 危险源

危险源是可能造成人员伤害、疾病、财产损失、作业环境破坏或其他损失的根源或状态。

8. 重大危险源

重大危险源是长期地或者临时地生产、搬运、使用或者储存危险物品，且危险物品的数量等于或者超过临界量的单元（包括场所和设施）。危险物品是指易燃易爆物品、危险化学品、放射性物品等能够危及人身安全和财产安全的物品。

当单元中有多种物质时，如果下式的值不小于1，就是重大危险源。

$$\sum_{i=1}^{N}\frac{q_i}{Q_i}$$

式中 q_i——单元中物质 i 的实际存在量；

Q_i——物质 i 的临界量；

N——单元中物质的种类数。

9. 安全

按照系统安全工程观点，安全是指生产系统中人员免遭不可承受危险的伤害。在生产过程中，不发生人员伤亡、职业病或设备、设施损害或环境危害的条件，就是安全条件。不因人、机、环境的相互作用导致系统失效、人员伤害或其他损失，就是安全状况。

10. 本质安全

设备、设施或技术工艺含有内在的能够从根本上防止事故发生的功能。包括以下两种安全功能：

（1）失误—安全功能：操作者即使操作失误，也不会发生事故或伤害。

（2）故障—安全功能：设备、设施或技术工艺发生故障或损坏时，能暂时维持正常工作或自动转变为安全状态。

上述两种安全功能应该是设备、设施和技术工艺本身所固有的，即在它们的规划设计阶段就被纳入其中，而不是事后补充的。

11. 安全生产管理

针对人们在生产过程中出现的安全问题，运用有效的资源，发挥人们的智慧，通过人们的努力，进行有关决策、计划、组织和控制等活动，实现生产过程中人与机器设备、物料、环境的和谐，达到安全生产的目标。安全生产管理的目标是：减少和控制危害，减少和控制事故，尽量避免生产过程中由于事故所造成的人身伤害、财产损失、环境污染以及其他损失。

二、现代安全管理理论简介

1. 安全生产管理原理与原则

安全生产管理作为管理的主要组成部分，遵循管理学的普遍规律，既服从管理的基本原理与原则，也有其特殊性。

（1）系统原理。安全生产管理是生产管理的一个子系统，它包含各级安全管理人员、安全防护设备与设施、安全管理规章制度、安全生产操作规范和规程以及安全管理信息等。安全贯穿于生产活动的各个方面，安全生产管理是全方位、全天候和涉及全体人员的管理。系统管理是运用系统观点、理论和方法，对管理活动进行充分的系统分析，以达到管理的优化目标，即用系统论的观点、理论和方法来认识和处理管理中出现的问题。

系统原理的原则包括以下几个方面：

1）动态相关性原则：构成管理系统的各要素是运动和发展的，它们既相互联系，又相互制约。

2）整分合原则：在整体规划下明确分工，在分工基础上有效综合。

3）反馈原则：成功的高效管理，离不开灵活、准确、快速的反馈。

4）封闭原则：在任何一个管理系统内部，管理手段、管理过程等必须构成一个连续封闭的回路，才能形成有效的管理活动。

（2）人本原理。人本原理是指在管理中必须把人的因素放在首位，体现以人为本的指导思想。以人为本有两层含义：一是一切管理活动都是以人为本展开的，人既是管理的主体，又是管理的客体；二是在管理活动中，作为管理对象的要素和管理系统各环节，都需要人掌握、运作、推动和实施。

人本原理的原则包括以下几个方面：

1）动力原则：推动管理活动的基本力量是人，管理必须有能够激发人的工作能力的动力（管理系统有三种动力：物质动力、精神动力和信息动力）。

2）能级原则：在管理系统中，只有建立一套合理能级，根据单位和个人能量的大小安排其工作，才能发挥不同能级的能量，保证结构的稳定性和管理的有效性。

3）激励原则：以科学的手段激发人的内在潜力，使其充分发挥积极性、主动性和创造性（人的工作动力来源于内在动力、外部压力和工作吸引力）。

（3）预防原理。预防原理是指安全生产管理应以预防为主，通过有效的管理和技术手段，减少或防止人的不安全行为和物的不安全状态。

预防原理的原则包括以下几个方面：

1）偶然损失原则：反复发生的同类事故并不一定产生完全相同的后果。

2）因果关系原则：事故的发生是许多因素互为因果连续发生的最终结果，只要事故的因素存在，发生事故是必然的，只是时间的迟早而已。

3）“3E”原则：针对造成人、物的不安全因素的四方面原因即技术原因、教育原因、身体和态度原因以及管理原因，可采取三种防止对策，即工程技术对策、教育对策和法制对策。

4）本质安全化原则：从一开始和从本质上实现安全化，从根本上消除事故发生的可能性。

（4）强制原理。强制原理是指采取强制管理的手段控制人的意愿和行为，使个人的活动、行为等受到安全生产要求的约束。

运用强制原理的原则：

1）安全第一原则：在进行生产和其他活动时把安全工作放在一切工作的首要位置。当生产或其他工作与安全发生矛盾时，要服从安全。

2）监督原则：为了使安全生产法律法规得到落实，应设立安全生产监督管理部门，对企业生产中的守法和执法情况进行监督。

2. 事故致因理论

事故发生有其自身发展规律和特点，只有掌握了事故发生的规律，才能保证安全生产系统处于安全状态。前人从不同的角度对事故进行研究，总结出很多事故致因理论，下面简要介绍几种。

（1）事故频发倾向理论。1939 年法默和查姆勃等人提出了事故频发倾向理论。事故频发倾向是指个别容易发生事故的稳定的个人内在倾向。事故频发倾向者的存在是导致工业事故发生的主要原因，即少数具有事故频发倾向的工人是事故频发倾向者，他们的存在是工业事故发生的原因。如果企业中事故频发倾向者减少，就可以减少工业事故。

（2）海因里希因果连锁理论。海因里希把工业伤害事故的发生发展过程描述为具有一定因果关系事件的连锁，即人员伤亡的发生是事故的结果，事故的发生原因是人的不安全行为或物的不安全状态，人的不安全行为或物的不安全状态是由于人的缺点造成的，人的缺点是由于不良环境诱发或者是由先天遗传因素造成的。

海因里希将事故因果连锁过程概括为以下五个因素：遗传及社会环境、人的缺点、人的不安全行为或物的不安全状态、事故、伤害。海因里希用多米诺骨牌来形象地描述这种事故的因果连锁关系。在多米诺骨牌系列中，一枚骨牌被碰倒后将发生连锁反应，导致其余几枚骨牌相继被碰倒。如果移去中间的一枚骨牌，则连锁被破坏，事故过程被中止。海因里希认为，企业安全工作的中心就是防止人的不安全行为，消除机械的或物质的不安全状态，中断事故连锁的进程，从而避免事故的发生。

（3）能量意外释放理论。1961 年，吉布森提出了事故是一种不正常的或不希望的能量释放，各种形式的能量是构成伤害的直接原因。因此，应该通过控制能量或控制能量载体（能量达及人体的媒介）来预防伤害事故。

1966 年，在吉布森的研究基础上，哈登完善了能量意外释放理论，提出“人受伤害的原因只能是某种能量的转移”，并提出了能量逆流于人体造成伤害的分类方法，将伤害分为两类：第一类伤害是由于施加了局部或全身性损伤阈值的能量引起的；第二类伤害是由于影响了局部或全身性能量交换引起的，主要是指中毒窒息和冻伤。哈登认为，在一定条件下，某种形式的能量能否产生造成人员伤亡事故的伤害取决于能量大小、接触能量时间长短和频率以及力的集中程度。根据能量意外释放论，可以利用各种屏蔽来防止意外的能量转移，从而防止事故的发生。

（4）系统安全理论。在 20 世纪 50—60 年代美国研制洲际导弹的过程中，系统安全理论应运而生。系统安全理论包括很多区别于传统安全理论的创新概念：

1）在事故致因理论方面，改变了人们只注重操作人员的不安全行为，而忽略硬件故障在事故致因因素中所起作用的传统观念，开始考虑如何通过改善物的系统可靠性来提高复杂系统的安全性，从而避免事故的发生。

2）没有任何一种事物是绝对安全的，任何事物中都潜伏着危险因素。通常所说的安全或危险只不过是一种主观的判断。

3）不可能根除一切危险源，但可以减少来自现有危险源的危险性，宁可减少总的危险性而不是只彻底消除几种选定的风险。

4）由于人的认识能力有限，有时不能完全认识危险源及其风险，即使认识了现有的危险源，随着生产技术的发展，新技术、新工艺、新材料和新能源的出现，又会产生新的危险源。

3. 事故预防与控制的基本原则

事故预防是通过采取技术和管理手段使事故不发生，事故控制是通过采取技术和管理手段使事故发生后不造成严重后果或使危害尽可能减小。事故预防与控制的基本原则是从安全技术、安全教育和安全管理上采取相应对策。

安全技术对策着重解决物的不安全状态问题，安全教育对策和安全管理对策主要着眼于人的不安全行为问题。前者使人知道哪里存在危险源，如何导致事故的发生，事故发生的可能性和严重程度如何，对于可能的危险应该怎样做；后者则是要求必须怎样做。

三、我国的安全生产管理制度

1. 我国安全生产工作现状

（1）生产安全事故情况。近几年来，我国平均每年因各类事故死亡人数都在 10 万人左右，发生各类事故 100 多万起。生产安全事故的总体现状是：工矿企业事故发生总数有下降趋势，但事故发生起数多，事故伤亡人数多，事故发生率远高于美国、英国、日本等工业化国家。重大事故、特别重大事故多发和死亡人数多是生产安全事故的一大特点。

（2）安全生产法律体系建设情况。改革开放以来，我国相继制定并颁布了近 20 部有关安全生产方面的法律和行政法规，如《矿山安全法》《煤炭法》《公路法》和《消防法》等。这些法律和行政法规对依法加强安全生产管理工作发挥了重要作用，促进了安全生产法制建设。

2002 年，为全面、完整地反映国家关于加强安全生产监督管理的基本方针、基本原则，确定对各行业、各部门和各类企业普遍适用的安全生产基本管理制度，并对安全生产管理中普遍存在的共性的、基本的法律问题作出统一规范，全国人大颁布实施了《安全生产法》。以该法为核心，包括法律、行政法规、部门规章及地方性安全生产法规和规章在内的我国安全生产法律体系正在逐步建立并完善。2004 年，国务院出台了《关于进一步加强安全生产工作的决定》和《安全生产许可证条例》，这是党和政府加强安全生产工作的又一重大举措，有力地推动了全国的安全生产工作。

(3) 安全生产监督管理情况。近年来，国家、省（自治区、直辖市）、地（市）、县（区）级安全生产监督管理机构相继建立，安全监管体系日趋健全。国家还加大了对一些高风险行业的安全生产监察力度。但整体上还存在薄弱环节，如安全生产监察执法人数少、监督机构不够健全、监督执法人员素质低等。

(4) 安全生产技术情况。随着我国经济实力的增强，国家已经规定淘汰落后设备。企业根据产品升级换代的需要，也逐渐淘汰了一些落后的工艺和设备，自主研发和引进了一些先进的安全检测、监测仪器设备。国家整体安全生产技术水平逐年提高。但是，总体安全技术水平仍然比较低，特别是安全监测技术设备、应急救援技术装备远远落后于工业化国家。

(5) 安全生产管理情况。2003 年，按照《安全生产法》及其他安全生产法律法规的要求，大型建设项目、高风险建设项目和高风险企业开展了安全预评价和安全现状综合评价，使其整体安全生产管理水平有了很大提高。但应该看到，我国大部分企业的安全生产管理水平还很低。

2. 我国安全生产管理方针及其含义

《安全生产法》在总结安全生产管理经验的基础上，将“安全第一，预防为主”规定为我国安全生产工作的基本方针。党的十六届五中全会坚持以科学发展观为指导，从经济和社会发展的全局出发，不断深化对安全生产规律的认识，提出了“安全第一，预防为主，综合治理”的安全生产方针。

党的十六届五中全会通过的《关于制定国民经济和社会发展第十一个五年计划的建议》中，提出“坚持节约发展、清洁发展、安全发展，实现可持续发展”。党的十六届五中全会确定了安全发展的原则，把“安全发展”作为一个重要理念纳入我国社会主义现代化建设的总体战略。

“安全发展”主要包含三层含义：

（1）“以人为本”必须要以人的生命为本，认识到人的生命是最重要的，发展不能以牺牲人的生命为代价。

（2）构建社会主义和谐社会必须解决安全生产问题。

（3）经济社会发展必须以安全为基础、前提和保证。

“安全第一”就是在生产经营过程中，在处理生产和安全这两个方面的问题时，要始终把安全放在首要位置，坚持最优先考虑人的生命安全。

“预防为主”就是按照系统工程理论，按照事故发展的规律和特点，预防事故的发生，做到防患于未然，将事故消灭在萌芽状态。

“综合治理”就是要标本兼治，重在治本，采取各种管理手段预防事故的发生，实现治标的同时，研究治本的方法，综合运用科技手段、法律规定、经济手段和行政干预，从各个方面着手解决影响安全生产的深层次问题，做到思想上、制度上、技术上、监督检查上、事故处理上和应急救援上的综合管理。

四、安全生产管理五要素

安全管理工作体系主要由源头控制、过程管理、应急救援和事故处理四个方面构成。而每个方面都离不开安全文化、安全法制、安全责任、安全科技和安全投入这五个安全生产关键要素，日常安全管理工作也是紧紧围绕这五大要素进行的。这五个要素既相对独立，又相辅相成，甚至互为条件。

在这五个要素中，安全文化起到灵魂和统帅的作用，应该说是基础的基础，是安全生产工作的精神指向，其他各个要素都在安全文化的指导下展开。安全文化最基本的内涵是职工的安全生产意识，只有加强安全生产宣传教育培训，逐步提高职工的安全生产意识，把安全生产工作始终抓在手上、放在心中，做到警钟长鸣、居安思危、言危思进、常抓不懈，在其他要素健全和成熟的前提下，才能形成不伤害自己、不伤害他人、不被他人伤害的安全理念，培育出深入人心的“以人为本”的安全文化。

安全法制就是安全生产规章制度的建立和执行，是保障安全生产最有力的武器，是开展其他工作的保证，也是安全生产管理实现规范化、制度化的必要条件。只有建立健全科学完善的制度、规程、标准，并严格做到有章可循、有章必循、违章必究，才能体现安全管理的严肃性和权威性。

安全责任，简言之，就是安全责任心和责任制。安全责任心是每个职工对自己、对家庭、对单位的一种良心，一种道德要求。特别是对专职安全管理干部来说更为重要。安全责任制实质上就是安全生产，人人有责，是落实安全法制的手段，是安全法律法规的具体化。落实安全责任制，不仅要强化行政责任问责制度，更要执行安全生产行政责任追究制度，做到谁违章谁负责，谁渎职谁负责。

安全科技就是要科技兴安，是实现安全生产的重要手段和措施，是安全生产最基本的出路，其决定着安全生产的保障能力和事故预防能力。安全工作需要科技的支撑，只有充分依靠科学技术手段，生产过程的安全才有根本的保障，才能实现真正意义上的本质安全。

安全投入是指必须保证安全生产所必需的经费，它是其他要素的物质支持。安全也是生产力，安全生产的实现要以投入的保障作为基础，提高安全生产能力，需要为安全付出成本，而安全的成本既是代价，更是效益。因此，建立多元化的安全生产，也是安全发展的要求。

第二节 安全生产责任制的主要内容

一、安全生产责任制及其重要作用

建立安全生产责任制的目的，一方面是增强生产经营单位各级负责人、各职能部门及其工作人员和各岗位生产人员对安全生产的责任感，另一方面是明确生产经营单位各级负责人、各职能部门及其工作人员和各岗位生产人员在安全生产中应履行的职责和应承担的责任，以充分调动各级人员和各部门在安全生产方面的积极性和主观能动性，确保安全生产。

建立安全生产责任制的重要意义主要体现在两个方面：一是落实我国安全生产方针和有关安全生产法规和政策的具体要求。《安全生产法》第四条明确规定："生产经营单位必须……建立、健全安全生产责任制度……"《矿山安全法》第二十条规定："矿山企业必须建立、健全安全生产责任制。"二是通过明确责任使各级各类人员真正重视安全生产工作，对预防事故和减少损失、进行事故调查和处理、建设和谐社会等具有重要作用。

生产经营单位是安全生产的责任主体，因此必须建立安全生产责任制，把"安全生产，人人有责"从制度上固定下来；生产经营单位法定代表人要切实履行本单位安全生产第一责任人的职责，把安全生产的责任落实到每一个环节、每一个岗位、每一个人，从而增强各级管理人员的责任心，使安全管理工作既做到责任明确，又相互协调配合，共同努力把安全生产工作落到实处。

什么是安全生产责任制？安全生产责任制是根据安全生产方针即"安全第一，预防为主"和安全生产法规以及"管生产的同时必须管安全"的原则，建立各级领导、职能部门、工程技术人员、岗位操作人员在劳动生产过程中对安全生产层层负责的制度，将以上所列各级负责人、各职能部门及其工作人员和各岗位生产人员在安全生产方面应做的事情和应负的责任加以明确规定的一种制度。安全生产责任制是企业岗位责任制的一个组成部分，是企业中最基本的一项安全制度，也是企业安全生产、劳动保护管理制度的核心。实践证明，凡是建立健全了安全生产责任制的企业，各级领导重视安全生产、劳动保护工作，切实贯彻执行党的安全生产、劳动保护方针和政策及国家的安全生产、劳动保护法规，在认真负责地组织生产的同时，积极采取措施，改善劳动条件，工伤事故和职业性疾病就会减少；反之，就会职责不清、相互推诿，而使安全生产、劳动保护工作无人负责、无法进行，工伤事故与职业病就会不断发生。

安全生产责任制是经长期的安全生产、劳动保护管理实践证明的成功制度与措施。这一制度与措施最早见于国务院 1963 年 3 月 30 日颁布的《关于加强企业生产中安全工作的几项规定》（以下简称《五项规定》）。《五项规定》中要求，企业的各级领导、职能部门、有关工程技术人员和生产工人，各自在生产过程中应负的安全责任，必须加以明确的规定。《五项规定》还要求，企业单位的各级领导在管理生产的同时，必须负责管理安全工作，认真贯彻执行国家有关劳动保护的法令和制度，在计划、布置、检查、总结、评比生产的同时，计划、布置、检查、总结、评比安全工作（即“五同时”制度）；企业单位中的生产、技术、设计、供销、运输、财务等各有关专职机构，都应在各自的业务范围内，对实现安全生产的要求负责；企业单位应根据实际情况加强劳动保护机构或专职人员的工作；企业单位各生产小组都应设置不脱产的安全生产管理员；企业职工应自觉遵守安全生产规章制度。

安全生产责任制是生产经营单位和企业岗位责任制的一个组成部分。根据“管生产必须管安全”的原则，安全生产责任制是综合各种安全生产管理、安全操作制度，对生产经营单位和企业各级领导、各职能部门、有关工程技术人员和生产工人在生产中应负的安全责任加以明确规定的制度。《安全生产法》把建立健全安全生产责任制作为生产经营单位和企业安全管理必须实行的一项基本制度，在第二章生产经营单位的安全生产保障第十七条第一款中作了明确规定，要求生产经营单位的主要负责人要建立健全本单位安全生产责任制，并对其负责。

国务院于 1963 年发布的《五项规定》要求企业劳动保护管理必须坚持安全生产责任制度，并明确规定：企业领导（厂长、经理）

对本单位劳动保护工作负全面责任（或总的责任），在管理生产的同时要管理安全工作，认真执行国家劳动保护的方针、政策和法规。1978 年，中共中央下发的《关于认真做好劳动保护工作的通知》规定，一个企业发生伤亡事故，首先要追查厂长的责任，不能姑息迁就。由于生产经营单位和企业采取的防止伤亡事故和职业病危害的措施，常常不是一个职能部门就能单独完成的，需要各有关职能部门和车间相互配合，因此，没有生产经营单位和企业主要负责人对安全生产的全面负责，这些措施就难以实现。

实践证明，实行安全生产责任制有利于增强生产经营单位和企业职工的责任感，调动他们搞好安全生产的积极性。生产经营单位和企业由各行政部门、采区、车间、班组（工段）和个人组成，各自承担本职任务或生产任务。安全不是离开生产而独立存在的，而是贯穿于整个生产过程之中的。只有从上到下建立起严格的安全生产责任制，责任分明，各司其职，各负其责，将法规赋予生产经营单位和企业的安全生产责任由大家共同承担，安全工作才能形成一个整体，各类生产安全事故隐患才能无机可乘，从而避免或减少事故的发生。因此，许多生产经营单位和企业在实行中按照责、权、利相结合的原则，对安全工作采用目标管理的方法，并与奖惩制度紧密结合，使生产经营单位和企业的安全工作得到了加强，这种做法是将安全生产所要达到的目标事先制定，并层层分解，落实到各部门、各班组，在规定的时间内完成或达到这个目标，在奖金或其他方面要给予奖励；若完不成目标，要扣罚奖金或给予其他处罚。在实行时，通常考虑了责、权、利相统一的原则，即权力大，所应承担的责任就重，因此在奖惩方面也要重奖、重罚，就是要按照法律法规的规定，做到有权就要负责，责权统一。

二、建立安全生产责任制的要求

建立一个完善的安全生产责任制的总要求是：横向到边、纵向到底，并由生产经营单位主要负责人组织建立。建立的安全生产责任制具体应满足以下要求：

（1）必须符合国家安全生产法律法规和政策、方针的要求。

（2）与生产经营单位管理体制协调一致。

（3）要根据本单位、本部门、本班组、本岗位的实际情况制定，既明确、具体，又具有可操作性，防止形式主义。

（4）有专门人员与机构制定和落实，并应适时修订。

（5）应有配套的监督、检查等制度，以保证安全生产责任制得到真正落实。

生产经营单位主要负责人在管理生产的同时，必须负责管理事故预防工作。在计划、布置、检查、总结、评比生产的时候，同时计划、布置、检查、总结、评比事故预防工作（简称“五同时”）。事故预防工作必须由行政一把手负责，分公司、车间的各级一把手在安全管理上都负第一位责任。各级副职根据各自分管业务工作范围负相应的责任。他们的主要任务是贯彻执行国家有关安全生产的法律法规、制度和保障管辖范围内职工的安全和健康。凡是严格认真地贯彻了“五同时”，就是尽了责任；反之，就是失职。如果因此而造成事故，那就要视事故后果的严重程度和失职程度，由行政以及司法机关追究其法律责任。

三、安全生产责任制的主要内容

生产经营单位和企业安全生产责任制的主要内容是：厂长、经理是法定代表人，是生产经营单位和企业安全生产第一责任人，对生产经营单位和企业的安全生产负全面责任；生产经营单位和企业的各级领导、生产管理人员，在管理生产的同时，必须负责管理安全工作，在计划、布置、检查、总结、评比生产的时候，必须同时计划、布置、检查、总结、评比安全工作；有关职能机构和人员，必须在自己的业务工作范围内，对实现安全生产负责；职工必须遵守以岗位责任制为主的安全生产制度，严格遵守安全生产法规、制度，不违章作业，并有权拒绝违章指挥，险情严重时有权停止作业，并采取应急防范措施。

安全生产责任制的内容主要包括以下两个方面：

一是纵向方面，即从上到下所有人员的安全生产职责。在建立责任制时，可首先将本单位从主要负责人到岗位工人分成相应的层级，然后结合本单位的实际工作，对不同层级的人员在安全生产中应承担的职责作出规定。

二是横向方面，即各职能部门的安全生产职责。在建立责任制时，可按照本单位职能部门的设置（如安全、设备、计划、技术、生产、基建、人事、财务、设计、档案、培训、党办、宣传、工会、团委等部门），分别对其在安全生产中应承担的职责作出规定。

生产经营单位在建立安全生产责任制时，在纵向方面至少应包括以下几类人员：

1. 生产经营单位主要负责人

生产经营单位主要负责人是本单位安全生产第一责任人，对安全生产工作全面负责。《安全生产法》第十七条将生产经营单位主要负责人的安全生产职责规定为：

（1）建立、健全本单位安全生产责任制。

（2）组织制定本单位安全生产规章制度和操作规程。

（3）保证本单位安全生产投入的有效实施。

（4）督促、检查本单位的安全生产工作，及时消除生产安全事故隐患。

（5）组织制定并实施本单位的生产安全事故应急救援预案。

（6）及时、如实报告生产安全事故。

具体可根据上述六个方面的内容，并结合本单位的实际情况对主要负责人的职责作出具体规定。

2. 生产经营单位其他负责人

生产经营单位其他负责人的职责是协助主要负责人搞好安全生产工作。不同的负责人负责的工作不同，应根据其具体分管工作，对其在安全生产方面应承担的具体职责作出规定。

3. 生产经营单位职能管理机构负责人及其工作人员

各职能部门都会涉及安全生产职责，需根据各部门职责分工作出具体规定。各职能部门负责人的职责是按照本部门的安全生产职责，组织有关人员落实本部门的安全生产责任制，并对本部门职责范围内的安全生产工作负责；各职能部门的工作人员则是在个人职责范围内做好有关安全生产工作，并对各自职责范围内的安全生产工作负责。

4. 班组长

班组安全生产是搞好安全生产工作的关键。班组长全面负责本班组的安全生产，是安全生产法律、法规和规章制度的直接执行者。班组长的主要职责是贯彻执行本单位对安全生产的规定和要求，督促本班组工人遵守有关安全生产规章制度和安全操作规程，切实做到不违章指挥、不违章作业，遵守劳动纪律。

5. 岗位工人

岗位工人对本岗位的安全生产负直接责任。岗位工人要接受安全生产教育和培训，遵守有关安全生产规章制度和安全操作规程，不违章作业，遵守劳动纪律。特种作业人员必须接受专门培训，经考试合格取得操作资格证书后，方可上岗作业。

四、安全生产责任制度举例

每个生产经营单位应当根据本单位的实际情况，如行业特点、生产方式、作业类型、危险源分布、单位机构设置以及从业人员特点等，制定适合本单位的安全生产责任制度。下面以×××有限责任公司安全生产责任制度为例，介绍安全生产责任制度建设的要点。

×××有限责任公司安全生产责任制度

1. 总则

1.1 为了贯彻国家关于“安全第一，预防为主，综合治理”的安全生产方针，保障劳动者在生产劳动过程中的安全和健康，特制定本制度。

1.2 ×××有限责任公司各部门均应按本制度制定的各级安全生产责任制组织实施，由安全生产管理部监督执行。

1.3 公司及公司各级负责人都要坚持“安全第一，预防为主，综合治理”的方针，严格执行安全生产责任制，抓好安全生产工作。任何单位和个人都有权拒绝执行违反安全规程的生产指令，并有权向上一级安全生产管理部门报告。

1.4 本制度根据《劳动法》《安全生产法》等法律法规制定。

2. 公司级领导安全生产职责

2.1 总经理安全生产职责

2.1.1 落实国家和上级部门的安全生产方针、政策、法规制度，对本单位的职业安全卫生负全面责任。

2.1.2 必须坚持安全生产管理“五同时”，即在计划、布置、检查、总结、评比的同时，布置安全工作。

2.1.3 组织制定本单位安全生产目标，审定本单位安全规划和计划，对重大问题作出决策。督促检查各级领导、各职能部门、各生产单位的安全生产工作落实情况和安全生产责任制执行情况。定期召开安委会全体会议，研究安全生产工作，针对存在的问题，制定解决办法。

2.1.4 负责设置安全生产管理机构，配备安全技术管理人员。

2.1.5 组织好综合安全生产检查及专项安全生产检查，并对查出的事故隐患采取措施，及时消除。

2.1.6 接到安全生产监督管理部门发出的安全隐患整改指令

后，组织有关部门在限期内解决。

2.1.7　对于新建、改建、扩建、引进和技术改造的工程项目，必须做到劳动保护设施与主体工程同时设计、同时施工、同时投产使用。

2.1.8　贯彻执行国家和公司有关规定，确保职业安全卫生技术措施计划经费、安全教育和安全奖励经费的落实，并合理使用。

2.2　党委书记安全生产职责

2.2.1　认真贯彻执行国家“安全第一，预防为主，综合治理”的方针以及安全政策、法规。把安全生产列为重要议事日程，研究分析员工安全生产思想动态，抓好安全生产宣传教育工作，对完成企业安全目标负有保证和监督的职责。

2.2.2　把安全生产纳入先进党支部、优秀党员竞赛活动，凡发生重伤以上人身事故的支部不能评为先进党支部，并把安全生产工作的好坏作为考核各级党员干部的一项条件。

2.3　副总经理安全生产职责

2.3.1　协助总经理具体负责安全生产工作。

2.3.2　直接领导安全生产管理部门工作，组织制定安全生产规划、计划和技术措施。组织制定安全生产规章制度，并督促贯彻落实。

2.3.3　坚持“安全第一，预防为主，综合治理”的方针，定期研究安全生产工作，针对存在的问题，制定解决办法。在计划、布置、检查、总结、评比工作时，要有安全内容。

2.3.4　定期组织召开公司安全生产委员会全体会议，研究制定公司安全生产管理目标、决策、重大措施等，及时消除重大隐患，提高本质安全程度。

2.3.5　组织由人事组织部负责的特种作业人员安全技术教育，并进行安全培训和考核。

2.3.6　及时组织月、季度和节假日前安全大检查及专业性安全生产检查，对查出的安全隐患要采取措施，及时消除，确保安全生产。

2.3.7　在审查新建、改建、扩建、技术改造、引进等重大经济技术项目时，同时审查相应的职业安全卫生措施，并督促检查技安部门参与此项工作。

2.3.8　督促检查各级领导、各职能部门安全生产责任制落实情况。

2.3.9　积极组织推行现代化安全生产管理方法和应用，组织安全生产竞赛和先进经验交流，表彰先进工作者。

2.3.10　主持事故调查，分析和制定防范措施，对造成重大伤亡事故的责任者提出处理意见。

2.3.11　监督检查行政安全管理工作和对员工劳动条件的改善。

2.3.12　组织贯彻实施《劳动法》《安全生产法》《工会劳动保护监督检查条例》等法律法规。

2.3.13　组织开展劳动竞赛，对员工进行教育时，应将安全生产列为重要内容之一。

2.3.14　参加“三同时”审查和重伤以上人身事故的调查处理。

2.3.15　监督检查企业在开展经济承包活动中，承包合同是否有安全内容。

2.4　工会主席安全生产职责

2.4.1　监督检查行政安全管理工作和对员工劳动条件的改善。

2.4.2　组织贯彻实施《劳动法》《安全生产法》《工会法》《工会劳动保护监督检查条例》等法律法规。

2.4.3　组织开展劳动竞赛，对员工进行教育时，应将安全生产列为重要内容之一。

2.4.4　参加“三同时”审查和重伤以上人身事故的调查处理。

2.4.5　监督有关行政部门是否按规定及时提取劳保措施经费和安全教育活动经费，并做到专款专用。

2.4.6　监督检查企业在开展经济承包活动中，承包合同是否有安全内容。

2.5　其他公司领导安全生产职责

2.5.1　认真贯彻安全工作“谁主管，谁负责”的原则，在总经理的领导下，对分管业务部门的安全工作负主要领导责任。

2.5.2　对本人负责的重点安全（防火）部位要按时进行检查。

2.5.3　在各自主管的范围内，认真搞好安全生产工作，督促分管的职能部门落实安全生产职责，在计划、布置、检查、总结、评比工作时，要有安全内容。

2.5.4　在审批企业年度各项计划时，要同时审批安全技术措施计划、安全生产教育培训计划，并监督执行。

2.5.5　在审查企业新、改、扩建和技术改造工程项目时，要同时审查职业安全卫生措施。

2.5.6　在组织和指导事故调查时，坚持按“四不放过”的原则，对事故进行调查、分析、处理。

2.5.7　组织分管业务部门的安全教育。

3. 生产经营单位法定代表人安全生产承诺职责

3.1　公司总经理是本单位安全生产第一责任人，对本单位的安全生产工作全面负责。

3.2　总经理依据国家和地方有关安全生产的法律、法规、制度、规章及相关标准等要求，代表本单位签订或发布安全生产管理工作承诺或责任书。

3.3　按照承诺的内容和要求，积极组织落实本单位安全生产工作的主体责任。建立健全安全责任制和各项规章制度，并严格执行。按规定建立安全管理机构和配备安全管理人员。自觉接受政府及安监部门的监督管理，切实把安全工作责任落实到部门和责任人。

3.4　保证本公司安全生产投入的有效实施。按规定配备各类安全生产、劳动防护用品和消防设备等；作业场所的安全标志齐全，并符合要求；安全通道畅通；作业环境、劳动条件、职业防护和消防用品用具满足安全生产要求，并教育员工按规定佩戴使用；为员工参加工伤保险，为作业人员缴纳保险费用。

3.5 定期组织员工开展安全知识、消防知识等教育培训活动，提高员工的安全意识和安全业务技能，使其能够果断、正确地处置各种突发事件。

3.6 督促、检查本单位安全主管部门的安全生产工作，消除安全事故隐患，对重大危险源和易发事故的重点部位实施有效监测、监控，落实重点部位、重点岗位应急措施，建立定期巡回检查制度，制定安全事故应急救援预案，并定期组织演练。

3.7 及时、如实报告生产安全事故。如单位发生重大或造成较大社会影响的安全事故，应立即停业整顿。因未依法履行主体责任，或因安全投入不到位等原因导致安全事故的，按规定接受相应的经济处罚，并承担相应的法律责任。

4. 各单位（分公司）第一责任人的安全生产职责

4.1 认真贯彻执行上级有关安全生产方针、政策、法规及单位有关安全生产管理的各项规章制度。对本单位职工的职业安全卫生负全面责任。

4.2 在计划、布置、检查、总结、评比生产工作时，必须同时把安全工作贯彻到每个具体环节中去，做到安全生产常态化、具体化、制度化、标准化。组织好工人班前班中的岗位安全生产检查，每月至少组织一次全面性的安全生产检查，针对存在的问题，及时采取措施，在保证安全的前提下进行生产。

4.3 组织职工的安全教育和专业安全知识培训，严格执行持证上岗制度。

4.4 对临时性危险作业应组织制定安全防护措施，并经主管部门审批，指定专人负责现场指挥。

4.5 组织编制职业安全卫生技术措施计划，并负责组织实施。

4.6 熟悉并严格执行上级及本单位事故管理规定。

4.7 做好女职工的特殊劳动保护工作。

4.8 按规定发放个人劳动防护用品，教育职工正确使用。

4.9 在编制生产作业计划时，应提出安全生产要求，生产调度会应有安全生产内容。

4.10 组织好均衡生产和文明生产，严格控制加班加点，注意搞好劳逸结合。

5. 各职能部门安全生产责任

5.1 综合管理部安全生产责任

5.1.1 负责做好公司领导在各种会议上所布置的有关安全生产、环境保护、工业卫生内容的工作记录。

5.1.2 负责协助公司领导处理和督促检查有关安全生产、环境保护、工业卫生工作。

5.1.3 及时传递和贯彻有关安全生产、环境保护、工业卫生方面的文件精神和文件资料。

5.1.4 做好对所属车辆的安全管理工作。对车辆精心保养，对驾驶员加强安全教育，确保运输安全。

5.1.5 贯彻执行《消防法》和相关法律法规以及地方政府、上级主管部门的消防法规，做好消防工作。

5.1.6 制订年度消防管理工作计划，并负责实施。

5.1.7 制定消防安全管理制度，并对执行情况进行监督检查。

5.1.8 经常对员工进行消防安全教育，制定本单位消防预案，并组织消防演练。组织专兼职消防人员的培训。

5.1.9 负责配备消防器材，组织消防安全生产检查，监督整改消防隐患。

5.1.10 参加新建、改建、扩建等工程项目的设计审查和竣工验收。

5.1.11 负责火灾事故的调查处理。

5.1.12 负责组织开展本单位消防竞赛、评比活动。

5.2 经营管理部安全生产责任

5.2.1 经营管理部负责编制本单位安全生产长远规划、年度综合计划，并负责组织实施。

5.2.2 在组织实施新建、改建、扩建和技术改造项目时，应按“三同时”规定办理。

5.2.3 负责机械、电气、起重、锅炉、压力容器和化工设备等的安全管理，保证安全附件齐全、灵敏、有效。按照安全技术规范定期进行检查和检验，使全部设备保持完好状态。

5.2.4 新设备（包括自制设备）投入使用前应组织鉴定验收，确保其符合安全技术要求。

5.2.5 负责编制设备的安全操作规程，组织或参与有关事故调查分析，并提出防范措施。

5.3 安全生产管理部门安全生产责任

5.3.1 宣传、执行国家和公司有关安全生产、职业安全卫生法规和规程，监督检查本单位各部门的执行情况。

5.3.2 推行现代安全管理，组织开展安全性评价及职业安全卫生管理体系的认证工作，编制安全技术措施计划，监督检查安全技术措施项目的实施。

5.3.3 制订安全生产工作计划，应同时编制职业安全卫生计划，并负责贯彻实施。

5.3.4 组织安全生产监督检查。对有严重事故隐患的单位下达事故隐患限期整改通知书，并及时报告领导。

5.3.5 组织有关部门制定安全生产管理规章制度，负责审查安全操作规程、工艺规程。

5.3.6 加强安全技术业务基础建设，收集、积累安全生产资料，研究分析职工伤亡事故的发生发展规律，提出防范措施。

5.3.7 组织或参加伤亡事故的调查，按照“四不放过”的原则

(即事故原因不清楚不放过、未采取事故防范措施不放过、员工未受到教育不放过、责任人未受到处理不放过）对事故进行分析处理，同时做好事故档案管理工作。

5.3.8　参加新建、改建、扩建、技术改造等工程项目的设计审查和竣工验收。

5.3.9　监督有关部门做好女职工的特殊劳动保护工作。

5.3.10　协同工会负责组织开展企业安全生产竞赛、评比、奖惩工作。

5.3.11　组织开展安全技术科学研究，总结推广安全科研成果和安全生产先进经验。

5.4　人事组织部安全生产责任

5.4.1　组织新职工三级安全教育和职工的安全技术培训，开展安全生产经常性教育，组织特种作业人员技术培训、考核、发证工作。

5.4.2　会同安全部门对新职工进行三级安全教育，考试合格后方可安排上岗。

5.4.3　应把职业安全卫生教育培训列入职工技术教育计划之中。

5.4.4　按照本单位安全生产管理部门的意见和上级有关规定，对发生事故的单位或事故责任人进行经济处罚或行政处理，对安全生产工作突出的单位和个人进行奖励。

5.4.5　组织部门在考核、选拔、任用管理者时，应考察其安全管理能力和业绩。在安全工作上严重失职的，不应任用和提拔。

5.4.6　党、团组织应开展多种形式的有关安全生产的党、团活动。

5.5　财务监审部安全生产责任

5.5.1　按照本单位的年度综合计划，保证安全技术措施和劳动保护费用，并单立科目，监督专款专用。

5.5.2 按有关规定和单位规定，保证安全教育经费、安全奖励经费的提取和使用。

5.6 劳动服务总公司安全生产责任

5.6.1 贯彻执行国家和公司有关建筑施工安全法规、规程和制度。

5.6.2 新建、改建、扩建工程项目的设计，必须符合国家颁发的有关“三同时”的职业安全卫生要求。

5.6.3 自行组织施工的工程，施工前应按照施工程序编制安全技术措施，提出施工安全要求，并检查督促落实。外包施工的，承包单位必须有施工资格，在承包合同中要写明施工过程中应承担的安全责任。

5.6.4 负责对生产性厂房建筑设施的安全管理，定期组织检查与维修，及时消除隐患。

5.7 工会安全生产责任

5.7.1 向职工宣传党和国家的职业安全卫生方针、政策、法规和本单位的职业安全卫生规章制度，对职工进行遵章守纪和自我保护知识教育。

5.7.2 对本单位的职业安全卫生工作进行监督检查。监督检查的主要内容包括：职业安全卫生措施的落实情况，新建、改建、扩建工程项目中安全卫生措施与主体工程“三同时”要求的执行情况，安全生产责任制的落实、考核情况，重大事故隐患的整改情况和劳动防护用品的发放。

5.7.3 做好女职工的特殊劳动保护工作。

5.7.4 参加职工伤亡事故和职业危害的调查处理。

5.7.5 把安全生产工作情况列入年度评比竞赛内容。

5.7.6 在组织文体活动时，要通报安全管理部门。同时，制定安全措施，落实安全责任，对参与人员讲解安全注意事项，避免意外和事故的发生。

5.8 技术、研发部门安全生产责任

5.8.1 采用新工艺、新技术、新设备、新材料设计的新产品，必须符合有关安全技术规定的要求，在试验、试制、投产前，应编制安全措施方案及安全操作规程，并组织安全评审。

5.8.2 承担安全技术和尘毒治理等方面的科研课题研究和项目设计。

5.8.3 参加事故的调查和分析，并提出技术防范措施。

6. 技安员、调度员、班组长（工段长）、员工安全生产职责

6.1 技安员（专、兼职）安全生产职责

6.1.1 在单位安全生产领导小组的领导下，具体负责本单位的日常安全生产管理工作。

6.1.2 协助领导编制本单位安全技术措施计划、安全生产规章制度，并监督检查贯彻实施情况。

6.1.3 定期进行本单位的安全生产检查，及时发现各类事故隐患和危险因素，并提出整改措施。对作业现场出现严重危及员工生命和国家财产安全的现象，有权责令停止作业，并提出处理意见。

6.1.4 按企业有关规定对本单位安全生产进行考核，对违章指挥、违章作业者提出处罚意见。

6.1.5 负责组织本单位的特种安全教育工作，参加伤亡事故的调查处理工作，并监督检查“五同时”和“四不放过”的执行情况。按规定填报各种安全报表，认真做好各类安全生产记录，及时报送安全信息。

6.2 调度员、班组长（工段长）安全生产职责

6.2.1 贯彻执行安全生产方针、政策、法规及本企业的规章制度，对本车间、本班组（工段）的安全负责。

6.2.2 坚持“管生产必须管安全”的原则，督促检查车间、班组（工段）成员执行安全操作规程情况，及时消除不安全因素。

6.2.3 经常检查本车间、本班组设备安全装置是否齐全、完

好。督促检查员工正确使用。

6.2.4 发放劳动防护用品，对发现的不安全情况和不安全因素要认真整改。

6.2.5 认真坚持“五同时”，定期分析本车间、本班组（工段）的安全生产状况，研究不安全因素的对策措施，搞好安全生产各项基础管理工作，建立安全台账，使车间、班组（工段）的安全管理工作做到规范化、标准化。

6.2.6 发生伤亡事故，应及时抢救伤员，保护现场，并立即报告单位领导，按“四不放过”的原则协助领导查处。

6.3 员工安全生产职责

6.3.1 努力学习安全技术知识，自觉遵守安全生产规章制度。

6.3.2 认真执行岗位责任制和安全技术操作规程。

6.3.3 爱护并正确使用生产设备、防护设施和防护用品。

6.3.4 有权拒绝违章指挥，制止他人违章作业，发现危急征兆主动采取措施，当无法抗拒时，撤离现场并报告领导。

6.3.5 积极参加安全生产活动，并提出合理化建议。

6.3.6 发生事故时，应积极抢救，保护现场，并如实向领导、负责人报告。

7. 罚则

7.1 凡未履行安全生产责任制的不能评为先进单位。

7.2 对违反安全生产责任制有关条款以致造成重大责任事故的，由有关部门追究责任人的行政责任。构成犯罪的，移交司法机关，依法追究责任人的刑事责任。

8. 附则

8.1 本规定由安全生产管理部负责解释。

8.2 本规定自印发之日起执行。

第三节 生产经营单位安全生产管理机构建设

一、什么是生产经营单位安全生产管理机构

生产经营单位的安全生产管理必须有组织上的保障，否则就无法真正有效地抓好安全生产管理工作。在生产经营单位内部，安全生产管理的组织保障主要包含两层意思：一是安全生产管理机构的保障；二是安全生产管理人员的保障。

安全生产管理机构是指生产经营单位中专门负责安全生产监督管理的内设机构。安全生产管理人员是指生产经营单位中从事安全生产管理工作的专职或者兼职人员。在生产经营单位中专门从事安全生产管理工作的人员就是专职的安全生产管理人员；在生产经营单位中既承担其他工作职责、工作任务，同时又承担安全生产管理职责的人员则为兼职安全生产管理人员。安全生产管理机构和安全生产管理人员的作用包括：落实国家有关安全生产的法律法规，组织生产经营单位内部各种安全生产检查活动，负责日常安全生产检查，及时整改各种事故隐患，监督安全生产责任制的落实等。

二、生产经营单位安全生产管理机构的设置要求

根据《安全生产法》的规定，生产经营单位安全生产管理机构的设置应满足以下要求：

矿山、建筑施工单位和危险物品的生产、经营、储存单位，以及从业人员超过 300 人的其他生产经营单位，应当设置安全生产管理机构或者配备专职安全生产管理人员。具体是否设置安全生产管理机构或者配备多少专职安全生产管理人员，则应根据生产经营单位危险性的大小、从业人员的多少、生产经营规模的大小等因素确定。

除从事矿山开采、建筑施工和危险物品生产、经营、储存活动的生产经营单位外，其他生产经营单位是否设立安全生产管理机构以及是否配备专职安全生产管理人员，则要根据其从业人员的规模来确定。

除矿山、建筑施工单位和危险物品的生产、经营、储存单位之外的生产经营单位，从业人员不超过 300 人的，可以设置安全生产管理机构或者配备专职安全生产管理人员，或者委托具有国家规定的相关专业技术资格的工程技术人员提供安全生产管理服务。生产经营单位依照前款规定委托工程技术人员提供安全生产管理服务的，保证安全生产的责任仍由本单位负责。

三、生产经营单位安全生产管理人员的配备要求

根据《安全生产法》的规定，生产经营单位安全生产管理人员的配备应满足以下要求：

（1）矿山、建筑施工单位和危险物品的生产、经营、储存单位，以及从业人员超过 300 人的其他生产经营单位，必须配备专职的安全生产管理人员。

（2）除了上述三类高风险单位以外，从业人员在 300 人以下的生产经营单位，可以配备专职的安全生产管理人员，也可以只配备兼职的安全生产管理人员，还可以委托具有国家规定的相关专业技术资格的工程技术人员提供安全生产管理服务。具体配备哪类安全生产管理人员，由生产经营单位危险性的大小、从业人员的多少、生产经营规模的大小等因素确定。

（3）当生产经营单位根据法律规定和本单位实际情况，委托工程技术人员提供安全生产管理服务的，保证安全生产的责任仍由本单位负责。

（4）生产经营单位配备的安全生产管理人员素质要求：生产经营单位的安全生产管理人员必须具备与本单位所从事的生产经营活

动相适应的安全生产知识和管理能力。危险物品的生产、经营、储存单位以及矿山、建筑施工单位的安全生产管理人员，应当由有关主管部门对其安全生产知识和管理能力考核合格后方可任职。考核不得收费。生产经营单位安全生产管理机构和安全生产管理人员的设置要求见表 1—1。

表 1—1　生产经营单位安全生产管理机构和安全生产管理人员的设置要求

<table>
<tr><th colspan="2">可选机构设置要求
生产经营单位特点</th><th>设置安全生产管理机构</th><th>配备专职安全生产管理人员</th><th>配备兼职安全生产管理人员</th><th>委托具有国家规定的相关专业技术资格的工程技术人员提供安全生产管理服务</th></tr>
<tr><td colspan="2">危险性较大的矿山开采、建筑施工和危险物品的生产、经营、储存单位</td><td>√</td><td>√</td><td></td><td></td></tr>
<tr><td rowspan="2">其他生产经营单位</td><td>从业人员超过300人</td><td>√</td><td>√</td><td></td><td></td></tr>
<tr><td>从业人员在300人以下</td><td></td><td>√</td><td>√</td><td>√</td></tr>
</table>

第四节　安全生产责任制相关法律法规规定

一、《安全生产法》相关规定

第三条　安全生产管理，坚持安全第一、预防为主的方针。

第四条　生产经营单位必须遵守本法和其他有关安全生产的法律、法规，加强安全生产管理，建立、健全安全生产责任制度，完善安全生产条件，确保安全生产。

第五条　生产经营单位的主要负责人对本单位的安全生产工作全面负责。

第十六条　生产经营单位应当具备本法和有关法律、行政法规和国家标准或者行业标准规定的安全生产条件；不具备安全生产条件的，不得从事生产经营活动。

第十七条　生产经营单位的主要负责人对本单位安全生产工作负有下列职责：

（一）建立、健全本单位安全生产责任制；

（二）组织制定本单位安全生产规章制度和操作规程；

（三）保证本单位安全生产投入的有效实施；

（四）督促、检查本单位的安全生产工作，及时消除生产安全事故隐患；

（五）组织制定并实施本单位的生产安全事故应急救援预案；

（六）及时、如实报告生产安全事故。

第十九条　矿山、建筑施工单位和危险物品的生产、经营、储存单位，应当设置安全生产管理机构或者配备专职安全生产管理人员。

前款规定以外的其他生产经营单位，从业人员超过三百人的，应当设置安全生产管理机构或者配备专职安全生产管理人员；从业人员在三百人以下的，应当配备专职或者兼职的安全生产管理人员，或者委托具有国家规定的相关专业技术资格的工程技术人员提供安全生产管理服务。

生产经营单位依照前款规定委托工程技术人员提供安全生产管理服务的，保证安全生产的责任仍由本单位负责。

第二十条　生产经营单位的主要负责人和安全生产管理人员必须具备与本单位所从事的生产经营活动相应的安全生产知识和管理能力。

危险物品的生产、经营、储存单位以及矿山、建筑施工单位的主要负责人和安全生产管理人员，应当由有关主管部门对其安全生产知识和管理能力考核合格后方可任职。考核不得收费。

第五十二条 工会有权对建设项目的安全设施与主体工程同时设计、同时施工、同时投入生产和使用进行监督，提出意见。

工会对生产经营单位违反安全生产法律、法规，侵犯从业人员合法权益的行为，有权要求纠正；发现生产经营单位违章指挥、强令冒险作业或者发现事故隐患时，有权提出解决的建议，生产经营单位应当及时研究答复；发现危及从业人员生命安全的情况时，有权向生产经营单位建议组织从业人员撤离危险场所，生产经营单位必须立即作出处理。

工会有权依法参加事故调查，向有关部门提出处理意见，并要求追究有关人员的责任。

第五十七条 生产经营单位对负有安全生产监督管理职责的部门的监督检查人员（以下统称安全生产监督检查人员）依法履行监督检查职责，应当予以配合，不得拒绝、阻挠。

第五十九条 安全生产监督检查人员应当将检查的时间、地点、内容、发现的问题及其处理情况，作出书面记录，并由检查人员和被检查单位的负责人签字；被检查单位的负责人拒绝签字的，检查人员应当将情况记录在案，并向负有安全生产监督管理职责的部门报告。

二、《劳动法》相关规定

第三条 劳动者享有平等就业和选择职业的权利、取得劳动报酬的权利、休息休假的权利、获得劳动安全卫生保护的权利、接受职业技能培训的权利、享受社会保险和福利的权利、提请劳动争议处理的权利以及法律规定的其他劳动权利。

劳动者应当完成劳动任务，提高职业技能，执行劳动安全卫生规程，遵守劳动纪律和职业道德。

第七条　劳动者有权依法参加和组织工会。工会代表和维护劳动者的合法权益，依法独立自主地开展活动。

第八条　劳动者依照法律规定，通过职工大会、职工代表大会或者其他形式，参与民主管理或者就保护劳动者合法权益与用人单位进行平等协商。

第五十二条　用人单位必须建立、健全劳动安全卫生制度，严格执行国家劳动安全卫生规程和标准，对劳动者进行劳动安全卫生教育，防止劳动过程中的事故，减少职业危害。

第五十三条　劳动安全卫生设施必须符合国家规定的标准。

新建、改建、扩建工程的劳动安全卫生设施必须与主体工程同时设计、同时施工、同时投入生产和使用。

第五十四条　用人单位必须为劳动者提供符合国家规定的劳动安全卫生条件和必要的劳动防护用品，对从事有职业危害作业的劳动者应当定期进行健康检查。

第五十五条　从事特种作业的劳动者必须经过专门培训并取得特种作业资格。

第五十六条　劳动者在劳动过程中必须严格遵守安全操作规程。劳动者对用人单位管理人员违章指挥、强令冒险作业，有权拒绝执行；对危害生命安全和身体健康的行为，有权提出批评、检举和控告。

第五十八条　国家对女职工和未成年工实行特殊劳动保护。

未成年工是指年满十六周岁未满十八周岁的劳动者。

第五十九条　禁止安排女职工从事矿山井下、国家规定的第四级体力劳动强度的劳动和其他禁忌从事的劳动。

第六十条　不得安排女职工在经期从事高处、低温、冷水作业和国家规定的第三级体力劳动强度的劳动。

第六十一条　不得安排女职工在怀孕期间从事国家规定的第三级体力劳动强度的劳动和孕期禁忌从事的劳动。对怀孕七个月以上的女职工，不得安排其延长工作时间和夜班劳动。

第六十二条　女职工生育享受不少于九十天的产假。

第六十三条　不得安排女职工在哺乳未满一周岁的婴儿期间从事国家规定的第三级体力劳动强度的劳动和哺乳期禁忌从事的其他劳动，不得安排其延长工作时间和夜班劳动。

第六十四条　不得安排未成年工从事矿山井下、有毒有害、国家规定的第四级体力劳动强度的劳动和其他禁忌从事的劳动。

第六十五条　用人单位应当对未成年工定期进行健康检查。

第六十八条　用人单位应当建立职业培训制度，按照国家规定提取和使用职业培训经费，根据本单位实际，有计划地对劳动者进行职业培训。从事技术工种的劳动者，上岗前必须经过培训。

第六十九条　国家确定职业分类，对规定的职业制定职业技能标准，实行职业资格证书制度，由经过政府批准的考核鉴定机构负责对劳动者实施职业技能考核鉴定。

三、《矿山安全法》相关规定

第二十条　矿山企业必须建立、健全安全生产责任制。

矿长对本企业的安全生产工作负责。

第二十一条　矿长应当定期向职工代表大会或者职工大会报告安全生产工作，发挥职工代表大会的监督作用。

第二十二条　矿山企业职工必须遵守有关矿山安全的法律、法规和企业规章制度。

矿山企业职工有权对危害安全的行为，提出批评、检举和控告。

第二十三条　矿山企业工会依法维护职工生产安全的合法权益，组织职工对矿山安全工作进行监督。

第二十四条　矿山企业违反有关安全的法律、法规，工会有权要求企业行政方面或者有关部门认真处理。

矿山企业召开讨论有关安全生产的会议，应当有工会代表参加，工会有权提出意见和建议。

第二十五条　矿山企业工会发现企业行政方面违章指挥、强令工人冒险作业或者生产过程中发现明显重大事故隐患和职业危害，有权提出解决的建议；发现危及职工生命安全的情况时，有权向矿山企业行政方面建议组织职工撤离危险现场，矿山企业行政方面必须及时作出处理决定。

第二十六条　矿山企业必须对职工进行安全教育、培训；未经安全教育、培训的，不得上岗作业。

矿山企业安全生产的特种作业人员必须接受专门培训，经考核合格取得操作资格证书的，方可上岗作业。

第二十七条　矿长必须经过考核，具备安全专业知识，具有领导安全生产和处理矿山事故的能力。

矿山企业安全工作人员必须具备必要的安全专业知识和矿山安全工作经验。

第二十八条　矿山企业必须向职工发放保障安全生产所需的劳动防护用品。

第二十九条　矿山企业不得录用未成年人从事矿山井下劳动。

矿山企业对女职工按照国家规定实行特殊劳动保护，不得分配女职工从事矿山井下劳动。

第三十条　矿山企业必须制定矿山事故防范措施，并组织落实。

第三十一条　矿山企业应当建立由专职或者兼职人员组成的救护和医疗急救组织，配备必要的装备、器材和药物。

第三十二条　矿山企业必须从矿产品销售额中按照国家规定提取安全技术措施专项费用。安全技术措施专项费用必须全部用于改善矿山安全生产条件，不得挪作他用。

四、《工会法》相关规定

第十九条　企业、事业单位违反职工代表大会制度和其他民主管理制度，工会有权要求纠正，保障职工依法行使民主管理的权利。

法律、法规规定应当提交职工大会或者职工代表大会审议、通过、决定的事项，企业、事业单位应当依法办理。

第二十条　工会帮助、指导职工与企业以及实行企业化管理的事业单位签订劳动合同。

工会代表职工与企业以及实行企业化管理的事业单位进行平等协商，签订集体合同。集体合同草案应当提交职工代表大会或者全体职工讨论通过。

工会签订集体合同，上级工会应当给予支持和帮助。

企业违反集体合同，侵犯职工劳动权益的，工会可以依法要求企业承担责任；因履行集体合同发生争议，经协商解决不成的，工会可以向劳动争议仲裁机构提请仲裁，仲裁机构不予受理或者对仲裁裁决不服的，可以向人民法院提起诉讼。

第二十一条　企业、事业单位处分职工，工会认为不适当的，有权提出意见。

企业单方面解除职工劳动合同时，应当事先将理由通知工会，工会认为企业违反法律、法规和有关合同，要求重新研究处理时，企业应当研究工会的意见，并将处理结果书面通知工会。

职工认为企业侵犯其劳动权益而申请劳动争议仲裁或者向人民法院提出诉讼的，工会应当给予支持和帮助。

第二十二条　企业、事业单位违反劳动法律、法规规定，有下列侵犯职工劳动权益情形，工会应当代表职工与企业、事业单位交涉，要求企业、事业单位采取措施予以改正；企业、事业单位应当予以研究处理，并向工会作出答复；企业、事业单位拒不改正的，工会可以请求当地人民政府依法作出处理：

（一）克扣职工工资的；

（二）不提供劳动安全卫生条件的；

（三）随意延长劳动时间的；

（四）侵犯女职工和未成年工特殊权益的；

（五）其他严重侵犯职工劳动权益的。

第二十三条　工会依照国家规定对新建、扩建企业和技术改造工程中的劳动条件和安全卫生设施与主体工程同时设计、同时施工、同时投产使用进行监督。对工会提出的意见，企业或者主管部门应当认真处理，并将处理结果书面通知工会。

第二十四条　工会发现企业违章指挥、强令工人冒险作业，或者生产过程中发现明显重大事故隐患和职业危险，有权提出解决的建议，企业应当及时研究答复；发现危及职工生命安全的情况时，工会有权向企业建议组织职工撤离危险现场，企业必须及时作出处理决定。

第二十五条　工会有权对企业、事业单位侵犯职工合法权益的问题进行调查，有关单位应当予以协助。

第二十六条　职工因工伤亡事故和其他严重危害职工健康问题的调查处理，必须有工会参加。工会应当向有关处理部门提出处理意见，并有权要求追究直接负责的主管人员和有关责任人员的责任。对工会提出的意见，应当及时研究，给予答复。

五、《职业病防治法》相关规定

第四条　劳动者依法享有职业卫生保护的权利。

用人单位应当为劳动者创造符合国家职业卫生标准和卫生要求的工作环境和条件，并采取措施保障劳动者获得职业卫生保护。

第五条　用人单位应当建立、健全职业病防治责任制，加强对职业病防治的管理，提高职业病防治水平，对本单位产生的职业病危害承担责任。

第十五条　产生职业病危害的用人单位的设立除应当符合法律、行政法规规定的设立条件外，其工作场所还应当符合下列职业卫生要求：

（一）职业病危害因素的强度或者浓度符合国家职业卫生标准；

（二）有与职业病危害防护相适应的设施；

（三）生产布局合理，符合有害与无害作业分开的原则；

（四）有配套的更衣间、洗浴间、孕妇休息间等卫生设施；

（五）设备、工具、用具等设施符合保护劳动者生理、心理健康的要求；

（六）法律、行政法规和国务院卫生行政部门、安全生产监督管理部门关于保护劳动者健康的其他要求。

第十六条　国家建立职业病危害项目申报制度。

用人单位工作场所存在职业病目录所列职业病的危害因素的，应当及时、如实向所在地安全生产监督管理部门申报危害项目，接受监督。

职业病危害因素分类目录由国务院卫生行政部门会同国务院安全生产监督管理部门制定、调整并公布。职业病危害项目申报的具体办法由国务院安全生产监督管理部门制定。

第七十条　建设单位违反本法规定，有下列行为之一的，由安全生产监督管理部门给予警告，责令限期改正；逾期不改正的，处十万元以上五十万元以下的罚款；情节严重的，责令停止产生职业病危害的作业，或者提请有关人民政府按照国务院规定的权限责令停建、关闭：

（一）未按照规定进行职业病危害预评价或者未提交职业病危害预评价报告，或者职业病危害预评价报告未经安全生产监督管理部门审核同意，开工建设的；

（二）建设项目的职业病防护设施未按照规定与主体工程同时投入生产和使用的；

（三）职业病危害严重的建设项目，其职业病防护设施设计未经安全生产监督管理部门审查，或者不符合国家职业卫生标准和卫生要求施工的；

（四）未按照规定对职业病防护设施进行职业病危害控制效果评价、未经安全生产监督管理部门验收或者验收不合格，擅自投入使用的。

第七十一条　违反本法规定，有下列行为之一的，由安全生产监督管理部门给予警告，责令限期改正；逾期不改正的，处十万元以下的罚款：

（一）工作场所职业病危害因素检测、评价结果没有存档、上报、公布的；

（二）未采取本法第二十一条规定的职业病防治管理措施的；

（三）未按照规定公布有关职业病防治的规章制度、操作规程、职业病危害事故应急救援措施的；

（四）未按照规定组织劳动者进行职业卫生培训，或者未对劳动者个人职业病防护采取指导、督促措施的；

（五）国内首次使用或者首次进口与职业病危害有关的化学材料，未按照规定报送毒性鉴定资料以及经有关部门登记注册或者批准进口的文件的。

第七十二条　用人单位违反本法规定，有下列行为之一的，由安全生产监督管理部门责令限期改正，给予警告，可以并处五万元以上十万元以下的罚款：

（一）未按照规定及时、如实向安全生产监督管理部门申报产生职业病危害的项目的；

（二）未实施由专人负责的职业病危害因素日常监测，或者监测系统不能正常监测的；

（三）订立或者变更劳动合同时，未告知劳动者职业病危害真实情况的；

（四）未按照规定组织职业健康检查、建立职业健康监护档案或者未将检查结果书面告知劳动者的；

（五）未依照本法规定在劳动者离开用人单位时提供职业健康监

护档案复印件的。

六、《消防法》相关规定

第十六条 机关、团体、企业、事业等单位应当履行下列消防安全职责：

（一）落实消防安全责任制，制定本单位的消防安全制度、消防安全操作规程，制定灭火和应急疏散预案；

（二）按照国家标准、行业标准配置消防设施、器材，设置消防安全标志，并定期组织检验、维修，确保完好有效；

（三）对建筑消防设施每年至少进行一次全面检测，确保完好有效，检测记录应当完整准确，存档备查；

（四）保障疏散通道、安全出口、消防车通道畅通，保证防火防烟分区、防火间距符合消防技术标准；

（五）组织防火检查，及时消除火灾隐患；

（六）组织进行有针对性的消防演练；

（七）法律、法规规定的其他消防安全职责。

单位的主要负责人是本单位的消防安全责任人。

第十七条 县级以上地方人民政府公安机关消防机构应当将发生火灾可能性较大以及发生火灾可能造成重大的人身伤亡或者财产损失的单位，确定为本行政区域内的消防安全重点单位，并由公安机关报本级人民政府备案。

消防安全重点单位除应当履行本法第十六条规定的职责外，还应当履行下列消防安全职责：

（一）确定消防安全管理人，组织实施本单位的消防安全管理工作；

（二）建立消防档案，确定消防安全重点部位，设置防火标志，实行严格管理；

（三）实行每日防火巡查，并建立巡查记录；

（四）对职工进行岗前消防安全培训，定期组织消防安全培训和消防演练。

第十八条　同一建筑物由两个以上单位管理或者使用的，应当明确各方的消防安全责任，并确定责任人对共用的疏散通道、安全出口、建筑消防设施和消防车通道进行统一管理。

住宅区的物业服务企业应当对管理区域内的共用消防设施进行维护管理，提供消防安全防范服务。

第十九条　生产、储存、经营易燃易爆危险品的场所不得与居住场所设置在同一建筑物内，并应当与居住场所保持安全距离。

生产、储存、经营其他物品的场所与居住场所设置在同一建筑物内的，应当符合国家工程建设消防技术标准。

第二十条　举办大型群众性活动，承办人应当依法向公安机关申请安全许可，制定灭火和应急疏散预案并组织演练，明确消防安全责任分工，确定消防安全管理人员，保持消防设施和消防器材配置齐全、完好有效，保证疏散通道、安全出口、疏散指示标志、应急照明和消防车通道符合消防技术标准和管理规定。

第二十一条　禁止在具有火灾、爆炸危险的场所吸烟、使用明火。因施工等特殊情况需要使用明火作业的，应当按照规定事先办理审批手续，采取相应的消防安全措施；作业人员应当遵守消防安全规定。

进行电焊、气焊等具有火灾危险作业的人员和自动消防系统的操作人员，必须持证上岗，并遵守消防安全操作规程。

第二十二条　生产、储存、装卸易燃易爆危险品的工厂、仓库和专用车站、码头的设置，应当符合消防技术标准。易燃易爆气体和液体的充装站、供应站、调压站，应当设置在符合消防安全要求的位置，并符合防火防爆要求。

已经设置的生产、储存、装卸易燃易爆危险品的工厂、仓库和专用车站、码头，易燃易爆气体和液体的充装站、供应站、调压站，不再符合前款规定的，地方人民政府应当组织、协调有关部门、单位限期解决，消除安全隐患。

第二十三条 生产、储存、运输、销售、使用、销毁易燃易爆危险品，必须执行消防技术标准和管理规定。

进入生产、储存易燃易爆危险品的场所，必须执行消防安全规定。禁止非法携带易燃易爆危险品进入公共场所或者乘坐公共交通工具。

储存可燃物资仓库的管理，必须执行消防技术标准和管理规定。

第二十七条 电器产品、燃气用具的产品标准，应当符合消防安全的要求。

电器产品、燃气用具的安装、使用及其线路、管路的设计、敷设、维护保养、检测，必须符合消防技术标准和管理规定。

第二十八条 任何单位、个人不得损坏、挪用或者擅自拆除、停用消防设施、器材，不得埋压、圈占、遮挡消火栓或者占用防火间距，不得占用、堵塞、封闭疏散通道、安全出口、消防车通道。人员密集场所的门窗不得设置影响逃生和灭火救援的障碍物。

第三十九条 下列单位应当建立单位专职消防队，承担本单位的火灾扑救工作：

（一）大型核设施单位、大型发电厂、民用机场、主要港口；

（二）生产、储存易燃易爆危险品的大型企业；

（三）储备可燃的重要物资的大型仓库、基地；

（四）第一项、第二项、第三项规定以外的火灾危险性较大、距离公安消防队较远的其他大型企业；

（五）距离公安消防队较远、被列为全国重点文物保护单位的古建筑群的管理单位。

第四十条 专职消防队的建立，应当符合国家有关规定，并报当地公安机关消防机构验收。

专职消防队的队员依法享受社会保险和福利待遇。

七、《国务院办公厅转发劳动部关于认真落实安全生产责任制意见的通知》

一、安全生产是关系国家和人民群众生命财产安全、关系经济发展和社会稳定的大事，各地区、各有关部门（行业）和企业务必把这项工作列入重要议事日程，切实抓紧抓好。要按照“企业负责、行业管理、国家监察、群众监督和劳动者遵章守纪”的总要求，以及管生产必须管安全、谁主管谁负责的原则，建立健全安全生产领导责任制并实行严格的目标管理。行政正职和企业法定代表人是安全生产第一责任人，对安全生产工作应负全面的领导责任；分管安全生产工作的副职应负具体的领导责任；分管其他工作的副职，在其分管工作中涉及安全生产内容的，也应承担相应的领导责任。各地区、各有关部门（行业）和企业都要建立健全安全生产考核奖惩制度，对认真履行职责、做出显著成绩的，要给予表彰奖励；对履行职责不好、安全生产目标计划不能实现的，应进行批评教育或给予相应的行政、经济处罚；对因玩忽职守、失职渎职而造成重大、特大事故的，要依照法律和其他有关规定进行严肃处理，决不姑息迁就。

二、地方各级人民政府都应制定安全生产规划并纳入国民经济和社会发展的总体规划，认真研究解决本地区安全生产的重大问题。要加强安全生产的法制建设，做到有法可依、有法必依、执法必严、违法必究，确保有关法律、法规和国家关于安全生产的方针政策的贯彻执行。要加强事故预防工作，按规定对危险性大、职业危害严重及重点项目的建设把好审批立项关，要对项目进行安全可行性论证和安全卫生评价；对威胁公众安全的重大事故隐患和危险设施、场所，要组织有关部门进行安全性评估，落实整改责任单位；对不能立即消除的重大事故隐患，必须采取严密的防范措施并制定应急计划。要加强安全生产的宣传教育，努力提高广大人民群众遵章守纪的自觉性和安全生产意识。

三、各有关部门（行业）应切实加强对本部门（行业）及所属单位安全生产的管理工作。要根据本部门（行业）实际，制定安全生产中、长期规划和年度工作计划并认真组织实施。要坚决贯彻执行国家关于安全生产的法律、法规和方针政策，制定和实施本部门（行业）的安全生产规章、规程及技术规范。要加强对所属企业安全生产工作的指导和监督，认真审核企业的安全生产计划，督促企业确保对安全生产的资金投入，帮助企业建立健全安全生产的激励和制约机制，全面落实安全生产责任制。要切实把好本部门（行业）建设工程项目安全设施设计的审批关并按规定组织竣工验收，加强对重大事故隐患和危险源的整改和监控工作，积极开展安全生产的技术开发和推广、应用。要认真组织对本部门（行业）的安全生产检查，抓好安全生产的宣传教育和培训等工作，加强安全生产的队伍建设。要按照有关规定认真组织或参与重大事故的调查处理工作。

四、各企业要严格按照国家关于安全生产的法律、法规和方针政策，制定详尽周密的安全生产计划，健全各项规章制度和安全操作规程，落实全员安全生产责任制。要加强安全生产管理机构建设，按国家规定保证对安全生产的资金投入。要不断改善劳动条件，定期进行安全生产检查，对存在的事故隐患应按规定及时整改，发生重大事故必须立即组织抢救并报告有关部门。企业法定代表人应定期向职工代表大会或职工大会报告安全生产工作情况，接受职工群众监督。要加强对职工的安全生产教育和培训，教育他们严格遵守有关法律、法规以及规章制度和操作规程，增强安全生产意识，帮助他们学习并掌握必要的安全生产知识，熟练掌握岗位安全操作技能，提高自我保护和处理突发事件的能力。

五、各级劳动行政部门要认真履行安全生产的综合管理职能和行使国家监察的职权。要切实加强安全生产工作的综合与协调，定期分析安全生产形势，研究安全生产中的重大问题并提出相应对策，为党委和政府当好参谋助手。要加强对贯彻执行有关法律、法规和方针政策的监督检查，做到执法必严、违法必究。要认真做好经常性的安全监察和事故监察工作，对重大事故隐患和危险源要及时督促有关单位进行整改和监控，对特种设备应按照国家规定实行安全认可制度，要认真做好事故调查、处理和批复工作，加强劳动安全监察队伍建设。要积极组织安全生产管理科学研究，努力探索适应社会主义市场经济要求的安全生产管理模式。

六、各地区、各有关部门（行业）要十分重视群众监督、新闻舆论监督和社会监督对安全生产工作的促进作用。要充分发挥工会组织的监督作用，积极支持工会组织开展职工遵章守纪和预防事故的群众性活动。要利用各种新闻媒体广泛宣传有关安全生产的法律、法规和方针政策，宣扬好的典型。同时，对那些因管理松懈、责任制不落实等原因而造成重大事故的典型事件，应公开曝光、依法追究责任。要支持和鼓励广大人民群众举报违反安全生产法律、法规等行为，严禁打击报复举报人，促进安全生产工作迈上一个新的台阶。

八、《国务院关于进一步加强企业安全生产工作的通知》相关规定

5. 强化生产过程管理的领导责任。企业主要负责人和领导班子成员要轮流现场带班。煤矿、非煤矿山要有矿领导带班并与工人同时下井、同时升井，对无企业负责人带班下井或该带班而未带班的，对有关责任人按擅离职守处理，同时给予规定上限的经济处罚。发生事故而没有领导现场带班的，对企业给予规定上限的经济处罚，并依法从重追究企业主要负责人的责任。

6. 强化职工安全培训。企业主要负责人和安全生产管理人员、特殊工种人员一律严格考核，按国家有关规定持职业资格证书上岗；职工必须全部经过培训合格后上岗。企业用工要严格依照劳动合同法与职工签订劳动合同。凡存在不经培训上岗、无证上岗的企业，

依法停产整顿。没有对井下作业人员进行安全培训教育，或存在特种作业人员无证上岗的企业，情节严重的要依法予以关闭。

7. 全面开展安全达标。深入开展以岗位达标、专业达标和企业达标为内容的安全生产标准化建设，凡在规定时间内未实现达标的企业要依法暂扣其生产许可证、安全生产许可证，责令停产整顿；对整改逾期未达标的，地方政府要依法予以关闭。

8. 加强企业生产技术管理。强化企业技术管理机构的安全职能，按规定配备安全技术人员，切实落实企业负责人安全生产技术管理负责制，强化企业主要技术负责人技术决策和指挥权。因安全生产技术问题不解决产生重大隐患的，要对企业主要负责人、主要技术负责人和有关人员给予处罚；发生事故的，依法追究责任。

9. 强制推行先进适用的技术装备。煤矿、非煤矿山要制定和实施生产技术装备标准，安装监测监控系统、井下人员定位系统、紧急避险系统、压风自救系统、供水施救系统和通信联络系统等技术装备，并于3年之内完成。逾期未安装的，依法暂扣安全生产许可证、生产许可证。运输危险化学品、烟花爆竹、民用爆炸物品的道路专用车辆，旅游包车和三类以上的班线客车要安装使用具有行驶记录功能的卫星定位装置，于2年之内全部完成；鼓励有条件的渔船安装防撞自动识别系统，在大型尾矿库安装全过程在线监控系统，大型起重机械要安装安全监控管理系统；积极推进信息化建设，努力提高企业安全防护水平。

14. 加强社会监督和舆论监督。要充分发挥工会、共青团、妇联组织的作用，依法维护和落实企业职工对安全生产的参与权与监督权，鼓励职工监督举报各类安全隐患，对举报者予以奖励。有关部门和地方要进一步畅通安全生产的社会监督渠道，设立举报箱，公布举报电话，接受人民群众的公开监督。要发挥新闻媒体的舆论监督作用，对舆论反映的客观问题要深查原因，切实整改。

19. 严格安全生产准入前置条件。把符合安全生产标准作为高危行业企业准入的前置条件，实行严格的安全标准核准制度。矿山建设项目和用于生产、储存危险物品的建设项目，应当分别按照国家有关规定进行安全条件论证和安全评价，严把安全生产准入关。凡不符合安全生产条件违规建设的，要立即停止建设，情节严重的由本级人民政府或主管部门实施关闭取缔。降低标准造成隐患的，要追究相关人员和负责人的责任。

28. 严格落实安全目标考核。对各地区、各有关部门和企业完成年度生产安全事故控制指标情况进行严格考核，并建立激励约束机制。加大重特大事故的考核权重，发生特别重大生产安全事故的，要根据情节轻重，追究地市级分管领导或主要领导的责任；后果特别严重、影响特别恶劣的，要按规定追究省部级相关领导的责任。加强安全生产基础工作考核，加快推进安全生产长效机制建设，坚决遏制重特大事故的发生。

29. 加大对事故企业负责人的责任追究力度。企业发生重大生产安全责任事故，追究事故企业主要负责人责任；触犯法律的，依法追究事故企业主要负责人或企业实际控制人的法律责任。发生特别重大事故，除追究企业主要负责人和实际控制人责任外，还要追究上级企业主要负责人的责任；触犯法律的，依法追究企业主要负责人、企业实际控制人和上级企业负责人的法律责任。对重大、特别重大生产安全责任事故负有主要责任的企业，其主要负责人终身不得担任本行业企业的矿长（厂长、经理）。对非法违法生产造成人员伤亡的，以及瞒报事故、事故后逃逸等情节特别恶劣的，要依法从重处罚。

第二章　组织制定安全生产规章制度的责任

第一节　制定安全生产规章制度的意义

一、什么是安全生产规章制度

生产经营单位安全生产规章制度是指生产经营单位依据国家有关法律法规、国家和行业标准，结合生产、经营的安全生产实际，以生产经营单位名义起草颁发的有关安全生产的规范性文件。一般包括：规程、标准、规定、措施、办法、制度、指导意见等。

安全生产规章制度是生产经营单位贯彻国家有关安全生产的法律法规、国家和行业标准，贯彻国家安全生产方针政策的行动指南，是生产经营单位有效防范生产经营过程中的安全生产风险，保障从业人员安全和健康，加强安全生产管理的重要措施。

建立健全安全生产规章制度是生产经营单位的法定责任。生产经营单位是安全生产的责任主体，国家有关法律法规对生产经营单位加强安全生产规章制度建设有明确的要求。《安全生产法》第四条规定："生产经营单位必须遵守本法和其他有关安全生产的法律、法规，加强安全生产管理，建立、健全安全生产责任制度，完善安全生产条件，确保安全生产。"《劳动法》第五十二条规定："用人单位必须建立、健全劳动安全卫生制度，严格执行国家劳动安全卫生规程和标准，对劳动者进行劳动安全卫生教育，防止劳动过程中的事故，减少职业危害。"《突发事件应对法》第二十二条规定："所有单位应当建立健全安全管理制度，定期检查本单位各项安全防范措施的落实情况，及时消除事故隐患……"因此，建立健全安全生产规章制度是国家有关安全生产法律法规明确的生产经营单位的法定责任。

二、安全生产规章制度建设的重要意义

生产经营单位要实施有效的安全生产管理，履行其保障职工安全、健康的法定义务，落实“安全第一，预防为主，综合治理”的安全生产方针，就必须建立健全强有力的组织保障体系、规章制度保障体系和措施保障体系。这三大体系的具体体现就是以安全生产责任制为核心的安全生产管理规章制度体系。

安全生产管理规章制度是生产经营单位规章制度的重要组成部分，是国家有关法规、标准在生产经营单位安全生产中的具体落实，是统一全体职工从事安全生产的行为准则。因此，一切生产经营单位必须建立健全一整套既符合国家法规、标准，又符合生产经营单位生产经营管理实际的安全生产管理规章制度。

生产经营单位安全生产管理规章制度基本可分为三大类：一是以生产经营单位安全生产责任制为核心的全厂性安全生产总则；二是各种单项制度，如安全教育培训制度、安全生产检查制度、安全技术措施计划管理制度、特种作业人员培训制度、危险作业审批制度、伤亡事故管理制度、职业卫生管理制度、特种设备安全管理制度、电气安全管理制度、消防管理制度等；三是岗位安全操作规程。

建立健全安全生产规章制度是生产经营单位安全生产的重要保障。生产经营的目的就是追求利润，但在追求利润的过程中，如果不能有效防范安全风险，生产经营单位的生产、经营秩序就不能保障，甚至还会引发社会灾难。客观上需要生产经营单位对生产工艺过程、机械设备、人员操作进行系统分析、评价，制定出一系列的操作规程和安全控制措施，以保障生产、经营工作合法、有序、安全地运行，将安全风险降到最低。在长期的生产经营活动中，生产经营单位积累了大量的安全风险防范对策措施，这些措施只有形成

安全生产规章制度，才能有效地得到继承和发扬。

建立健全安全生产规章制度是生产经营单位保障从业人员安全与健康的重要手段。安全生产法律法规明确规定，生产经营单位必须采取切实可行的措施，保障从业人员的安全与健康。因此，只有通过安全生产规章制度的约束，才能防止生产经营单位安全管理的随意性，才能使从业人员进一步明确自己的权利和义务，有效地保障从业人员的合法权益。同时，也为从业人员在生产经营过程中遵章守纪提供明确的标准和依据。

第二节 制定安全生产规章制度的依据与原则

一、安全生产规章制度建设的依据

以安全生产法律法规、国家和行业标准以及地方政府的法规、标准为依据。生产经营单位安全生产规章制度首先必须符合国家法律法规、国家和行业标准以及生产经营单位所在地地方政府的相关法规、标准的要求。生产经营单位安全生产规章制度是一系列法律法规在生产经营单位生产经营过程中具体贯彻落实的体现。

以生产经营过程的危险有害因素辨识和事故教训为依据。安全生产规章制度的建设，其核心就是危险有害因素的辨识和控制。通过对危险有害因素的辨识，有效提高规章制度建设的目的性和针对性，保障生产安全。同时，生产经营单位要积极借鉴相关事故教训，及时修订和完善规章制度，防范同类事故的重复发生。

以国际、国内先进的安全管理方法为依据。随着安全科学技术的迅猛发展，安全生产风险防范和控制的理论、方法不断完善。尤其是安全系统工程理论研究的不断深化，为生产经营单位的安全管理提供了丰富的工具，如职业安全健康管理体系、风险评估、安全性评价体系的建立等，都为生产经营单位安全生产规章制度的建设提供了宝贵的参考资料。

二、安全生产规章制度建设的原则

主要负责人负责的原则。安全生产规章制度建设，涉及生产经营单位的各个环节和所有人员，只有生产经营单位主要负责人亲自组织，才能有效调动生产经营单位的所有资源，才能协调各个方面的关系。同时，我国安全生产法律法规对此有明确规定，如《安全生产法》规定，建立、健全本单位安全生产责任制，组织制定本单位安全生产规章制度和操作规程，是生产经营单位主要负责人的职责。

安全第一的原则。"安全第一，预防为主，综合治理"是我国的安全生产方针，也是安全生产客观规律的具体要求。生产经营单位要实现安全生产，就必须采取综合治理的措施，在事先防范上下工夫。在生产经营过程中，必须把安全工作放在各项工作的首位，正确处理安全生产和工程进度、经济效益之间的关系。只有通过安全生产规章制度建设，才能把这一安全生产客观要求融入生产经营单位的体制建设、机制建设、生产经营活动组织的各个环节中去，落实到生产、经营各项工作中去，才能保障安全生产。

系统性原则。风险来自于生产经营过程之中，只要生产经营活动在进行，风险就客观存在。因此，要按照安全系统工程的原理，建立涵盖全员、全过程、全方位的安全生产规章制度。即建立涵盖生产经营单位每个环节、每个岗位、每个人，涵盖生产经营单位新建或改、扩建的规划设计、建设安装、生产调试、生产运行、技术改造的全过程，涵盖生产经营正常生产全过程的事故预防、应急处置、调查处理等全方位的安全生产规章制度。

规范化和标准化原则。生产经营单位安全生产规章制度的建设应实现规范化和标准化管理，以确保安全生产规章制度建设的严密性、完整性、有序性。建立安全生产规章制度起草、审核、发布、教育培训、修订等严密的组织管理程序。安全生产规章制度编制要做到目的明确、流程清晰、标准明确，具有可操作性，按照系统性原则的要求，建立完整的安全生产规章制度体系。

第三节 安全生产规章制度的内容

一、安全生产规章制度的编制

生产经营单位应每年编制安全生产规章制度制定和修订的工作计划。计划的主要内容包括：规章制度的名称、编制目的、主要内容、责任部门、进度安排等，确保生产经营单位安全生产规章制度建设和管理的有序进行。

安全生产规章制度的制定一般包括起草、会签、审核、签发、发布五个流程。安全生产规章制度发布后，生产经营单位应组织有关部门和人员进行学习和培训，对安全操作规程类安全生产规章制度，还应组织相关人员进行考试，考试合格后才能上岗作业。安全生产规章制度日常管理的重点是在执行过程中的动态检查，确保得到贯彻落实。

1. 起草

根据生产经营单位安全生产责任制，由安全生产管理职能部门负责起草。安全生产规章制度在起草前，应首先收集国家有关安全生产的法律法规、国家和行业标准以及生产经营单位所在地地方政府的有关法规、标准等，作为制度起草的依据，同时结合生产经营单位安全生产的实际情况进行起草。涉及安全技术标准、安全操作规程等的起草工作，还应查阅设备制造厂的说明书等。

安全生产规章制度的起草要做到目的明确、文字表述条理清楚、结构严谨、用词准确、标点符号正确。

技术规程规范、安全操作规程应按照企业标准格式进行起草。

其他规章制度格式可根据内容多少分章（节）、条、款、项、目结构表达，内容单一的也可直接以条的方式表达。规章制度中的序号可用中文数字和阿拉伯数字依次编排。

规章制度的草案应对起草目的、适用范围、主管部门、具体规范、解释部门和施行日期等作出明确的规定。

新的规章制度代替原有规章制度，应在草案中写明本规章制度生效后原规定废止的内容。

2. 会签

责任部门起草的规章制度草案，应在送交相关领导签发前征求有关部门的意见，意见不一致时，一般由生产经营单位主要负责人或分管安全工作的负责人主持会议，取得一致意见。

3. 审核

安全生产规章制度在签发前应进行审核。一是由生产经营单位负责法律事务的部门对规章制度与相关法律法规的符合性及与生产经营单位现行规章制度的一致性进行审查；二是提交生产经营单位职工代表大会或安全生产委员会会议进行讨论，对各方面工作的协调性、各方利益的统筹性进行审查。

4. 签发

技术规程规范、安全操作规程等一般技术性安全生产规章制度由生产经营单位分管安全工作的负责人签发，涉及全局性的综合管理类安全生产规章制度应由生产经营单位主要负责人签发。

签发后要进行编号，并以“自发布之日起执行”或“现予发布，自某年某月某日起施行”的方式注明生效时间。

5. 发布

生产经营单位的安全生产规章制度应采用固定的发布方式，如通过红头文件形式在生产经营单位内部办公网络上发布等。发布的范围应覆盖与制度相关的部门及人员。

6. 培训和考试

应就新颁布的安全生产规章制度对相关人员进行培训，还应就安全操作规程类制度组织相关考试。

7. 修订

生产经营单位应每年对安全生产规章制度进行一次修订，并公布现行有效的安全生产规章制度清单。对安全操作规程类制度，除每年进行一次修订外，3～5年应组织一次全面修订，并重新印刷。

二、安全生产规章制度建设的内容

下面介绍安全生产规章制度的编制框架和主要内容。特殊或专项作业项目的安全生产规章制度，各企业可结合自身要求加以制定。

1. 安全教育培训制度

（1）为确保安全生产，增强本单位职工安全生产意识，各部门要结合中心工作，利用广播、板报、安全课等形式，积极开展经常性的安全生产教育。

（2）凡新入厂的管理人员和职工，必须接受厂级、车间、班级的三级安全生产教育后方可上岗，由有关部门做好三级教育卡的备案记录工作。

（3）转岗职工、重新上岗职工的安全教育由车间主任完成。

（4）特种作业人员上岗前必须进行专业技术培训，持有关部门颁发的有效证件上岗。

（5）所有授课人员应做好教育记录，保证教育内容和时间符合法律规定，受教育人员接受教育后应签字确认。

（6）发生工伤事故后，主管部门要根据事故原因对职工进行教育。

（7）进行安全生产教育后，由安全科或主管领导将授课及考试资料归档。

2. 安全生产检查制度

（1）本单位安全科应每月进行一次安全生产检查，对安全生产责任制和安全生产制度的落实、安全教育培训、重大危险源及重要危险部位，结合季节变化开展季节性检查、排查，及时消除事故隐患。

（2）各车间每周进行一次安全生产检查，主要检查机器设备、设施的安全生产状况，排查事故隐患。

（3）班组每日进行一次安全生产检查，主要检查职工是否遵守操作规程，是否按规定佩戴个人安全防护用品，并纠正违章现象。

（4）单位专职、兼职安全员定时巡检，及时发现事故隐患。

（5）所有检查结果要有记录，对检查出的隐患或违反规定的行为应及时上报，并立即排除。

各生产经营单位结合本单位的实际情况，在编制检查制度时应列出工作现场的重点检查内容，以及谁去检查，什么时间检查，检查后怎样消除隐患等。

3. 安全生产奖惩制度

安全生产奖惩制度的编制应结合本单位不同岗位的实际情况，找出各岗位易发生的违反规定、违反标准、违反操作规程的行为，找出各部门及单位领导在岗位责任制中易发生违章指挥的行为。根据情节轻重制定出单位的处罚标准及奖励的有关条款。可依照以下内容确定奖励标准：

（1）对安全生产管理有突出贡献的。

（2）发现生产安全重大事故隐患的。

（3）拒绝或举报违章作业的。

（4）在发生事故抢险救灾中作出突出贡献的。

奖惩制度奖励、惩处的实施由谁来决定，在制度中应予以明确。

4. 生产安全事故报告和处理制度

（1）发生生产安全事故后，应立即报告上级安全部门，主管部门根据事故情况报告有关部门处理。

（2）发生生产安全事故后，事故部门或事故当事人要保护好现场，不得将事故现场随意变动或恢复。

（3）发生事故部门或事故当事人要积极协助调查分析，不得隐瞒事故真相。

（4）对发生的各类工伤事故要按照“四不放过”的原则，查明原因，分清责任，接受教育，提出处理意见，建立防范措施。

另外，应将因违反操作规程、违章作业、违章指挥所造成的事故，按照事故大小对责任人的行政、经济处罚标准作为条款编入制度之中。

对职工的工伤保险、休假等规定作为条款编入制度之中。

5. 个人防护用品管理制度

依据《安全生产法》的规定，结合本单位具体情况，为确保企业生产安全，保障职工的人身安全与健康，对在职职工按不同工种的劳动防护要求，确定发放标准。

编制条款：

（1）明确发放防护用品名称、使用年限和发放部门。

（2）明确个人防护用品的使用标准和范围。

（3）明确个人防护用品的采购部门及质量保障要求。

（4）明确回收时限和负责部门。

（5）明确丢失或损坏的处理标准和补发条款。

（6）明确职工使用防护用品的要求。

各生产经营单位应结合自身实际情况编制个人防护用品管理制度。

6. 设备安全管理制度

设备安全管理制度的编制应包括以下内容：

（1）对设备的选购要满足安全技术要求。

（2）设备的维护、保养、时限和方法。

（3）设备应具有可靠的安全防护装置。

（4）明确设备的危险部位和维修措施。

（5）对设备进行安全检查的时限和内容。

（6）设备操作人员的培训和持证要求。

（7）设备异常情况的紧急处置措施。

不同的设备应有不同的标准与要求，在编制设备管理制度时应结合单位设备状况，在制度中作出具体要求。

7. 危险作业管理制度

危险作业一般包括：吊装作业、动土作业、拆除作业、动火作业、高处作业、密闭空间作业、焊接与切割作业、电气设备使用、厂内机动车辆作业、手持电动工具作业等。

危险作业管理制度的编制应包括以下内容：

（1）本单位危险作业的批准部门和批准程序。

（2）现场保护措施。

（3）明确责任人、现场指挥人员、现场操作人员、现场救护（防护）人员。

（4）明确操作人员需持有的特种作业证件。

（5）明确正确佩戴和使用防护用品。

（6）明确要做好现场记录。

8. 安全操作规程

安全操作规程是职工操作机械和调整仪器仪表以及从事其他作业时必须遵守的程序和注意事项。

各生产经营单位应根据本单位的机械设备种类和台数，实行一机一操作规程。不同设备有不同要求，请按照使用说明书、国家或行业标准、安全操作规程等有关检测、检验技术标准规范编制。

（1）开动设备接通电源之前，应清理工作现场，仔细检查各种手柄位置是否正确、转动是否灵活，安全装置是否齐全。

（2）开动设备前，应先检查油池、油箱中的油量是否充足，油路是否畅通，并按润滑图表卡进行润滑工作。

（3）变速时，各变速手柄必须转换到指定位置。

（4）工件必须装卡牢固，以免松动甩出造成事故。

（5）已卡紧的工件不得再行敲打校正，以免影响设备精度。

（6）要经常保持润滑工具及润滑系统的清洁，不得敞开油箱盖，以免灰尘、铁屑等杂物进入。

（7）开动设备时必须盖好电气设备箱盖，不允许有活物、水、油等进入电动机或电气装置内。

（8）设备外露基准面或滑动面上不准堆放工具、产品等以免碰伤设备，影响设备运行。

（9）严禁超性能、超负荷使用设备。

（10）采取自动控制时，首先要调整好限位装置，以免超越行程造成事故。

（11）设备运转时操作者不得离开工作岗位，并要经常检查各部位有无异常（如异声、异味、发热、振动等），发现故障应立即停止操作并及时排除，凡属操作者不能排除的故障，应及时通知维修人员处理。

（12）操作者离开设备，装卸工件，对设备进行调整、清洁或润滑时，都应切断电源。

（13）不得拆除设备上的安全防护装置。

（14）调整或维修设备时，要正确使用拆卸工具，严禁乱敲乱拆。

（15）注意力要集中，个人防护用品的使用要符合要求，站立位置要安全。

（16）特殊危险物品的安全要求等。

第四节　安全生产规章制度相关法律法规规定

一、《安全生产法》相关规定

第三十六条　生产经营单位应当教育和督促从业人员严格执行本单位的安全生产规章制度和安全操作规程；并向从业人员如实告知作业场所和工作岗位存在的危险因素、防范措施以及事故应急措施。

第三十七条　生产经营单位必须为从业人员提供符合国家标准或者行业标准的劳动防护用品，并监督、教育从业人员按照使用规则佩戴、使用。

第三十八条　生产经营单位的安全生产管理人员应当根据本单位的生产经营特点，对安全生产状况进行经常性检查；对检查中发现的安全问题，应当立即处理；不能处理的，应当及时报告本单位有关负责人。检查及处理情况应当记录在案。

第三十九条　生产经营单位应当安排用于配备劳动防护用品、进行安全生产培训的经费。

第四十条　两个以上生产经营单位在同一作业区域内进行生产经营活动，可能危及对方生产安全的，应当签订安全生产管理协议，明确各自的安全生产管理职责和应当采取的安全措施，并指定专职安全生产管理人员进行安全生产检查与协调。

第四十一条　生产经营单位不得将生产经营项目、场所、设备发包或者出租给不具备安全生产条件或者相应资质的单位或者个人。

生产经营项目、场所有多个承包单位、承租单位的，生产经营单位应当与承包单位、承租单位签订专门的安全生产管理协议，或者在承包合同、租赁合同中约定各自的安全生产管理职责；生产经营单位对承包单位、承租单位的安全生产工作统一协调、管理。

二、《劳动法》相关规定

第四条　用人单位应当依法建立和完善规章制度，保障劳动者享有劳动权利和履行劳动义务。

第二十五条　劳动者有下列情形之一的，用人单位可以解除劳动合同：

（一）在试用期间被证明不符合录用条件的；

（二）严重违反劳动纪律或者用人单位规章制度的；

（三）严重失职，营私舞弊，对用人单位利益造成重大损害的；

（四）被依法追究刑事责任的。

第五十二条　用人单位必须建立、健全劳动安全卫生制度，严格执行国家劳动安全卫生规程和标准，对劳动者进行劳动安全卫生教育，防止劳动过程中的事故，减少职业危害。

第五十三条　劳动安全卫生设施必须符合国家规定的标准。

新建、改建、扩建工程的劳动安全卫生设施必须与主体工程同时设计、同时施工、同时投入生产和使用。

第五十四条　用人单位必须为劳动者提供符合国家规定的劳动安全卫生条件和必要的劳动防护用品，对从事有职业危害作业的劳动者应当定期进行健康检查。

第五十五条　从事特种作业的劳动者必须经过专门培训并取得特种作业资格。

第五十六条　劳动者在劳动过程中必须严格遵守安全操作规程。劳动者对用人单位管理人员违章指挥、强令冒险作业，有权拒绝执行；对危害生命安全和身体健康的行为，有权提出批评、检举和控告。

第八十九条　用人单位制定的劳动规章制度违反法律、法规规定的，由劳动行政部门给予警告，责令改正；对劳动者造成损害的，应当承担赔偿责任。

三、《职业病防治法》相关规定

第二十一条　用人单位应当采取下列职业病防治管理措施：

（一）设置或者指定职业卫生管理机构或者组织，配备专职或者兼职的职业卫生管理人员，负责本单位的职业病防治工作；

（二）制定职业病防治计划和实施方案；

（三）建立、健全职业卫生管理制度和操作规程；

（四）建立、健全职业卫生档案和劳动者健康监护档案；

（五）建立、健全工作场所职业病危害因素监测及评价制度；

（六）建立、健全职业病危害事故应急救援预案。

第二十二条　用人单位应当保障职业病防治所需的资金投入，不得挤占、挪用，并对因资金投入不足导致的后果承担责任。

第二十三条　用人单位必须采用有效的职业病防护设施，并为劳动者提供个人使用的职业病防护用品。

用人单位为劳动者个人提供的职业病防护用品必须符合防治职业病的要求；不符合要求的，不得使用。

第二十四条　用人单位应当优先采用有利于防治职业病和保护劳动者健康的新技术、新工艺、新设备、新材料，逐步替代职业病危害严重的技术、工艺、设备、材料。

第二十五条　产生职业病危害的用人单位，应当在醒目位置设置公告栏，公布有关职业病防治的规章制度、操作规程、职业病危害事故应急救援措施和工作场所职业病危害因素检测结果。

对产生严重职业病危害的作业岗位，应当在其醒目位置，设置警示标识和中文警示说明。警示说明应当载明产生职业病危害的种类、后果、预防以及应急救治措施等内容。

第二十六条　对可能发生急性职业损伤的有毒、有害工作场所，用人单位应当设置报警装置，配置现场急救用品、冲洗设备、应急撤离通道和必要的泄险区。

对放射工作场所和放射性同位素的运输、贮存，用人单位必须配置防护设备和报警装置，保证接触放射线的工作人员佩戴个人剂量计。

对职业病防护设备、应急救援设施和个人使用的职业病防护用品，用人单位应当进行经常性的维护、检修，定期检测其性能和效果，确保其处于正常状态，不得擅自拆除或者停止使用。

第二十七条　用人单位应当实施由专人负责的职业病危害因素日常监测，并确保监测系统处于正常运行状态。

用人单位应当按照国务院安全生产监督管理部门的规定，定期对工作场所进行职业病危害因素检测、评价。检测、评价结果存入用人单位职业卫生档案，定期向所在地安全生产监督管理部门报告并向劳动者公布。

职业病危害因素检测、评价由依法设立的取得国务院安全生产监督管理部门或者设区的市级以上地方人民政府安全生产监督管理部门按照职责分工给予资质认可的职业卫生技术服务机构进行。职业卫生技术服务机构所作检测、评价应当客观、真实。

发现工作场所职业病危害因素不符合国家职业卫生标准和卫生要求时，用人单位应当立即采取相应治理措施，仍然达不到国家职业卫生标准和卫生要求的，必须停止存在职业病危害因素的作业；职业病危害因素经治理后，符合国家职业卫生标准和卫生要求的，方可重新作业。

第三十五条　用人单位的主要负责人和职业卫生管理人员应当接受职业卫生培训，遵守职业病防治法律、法规，依法组织本单位的职业病防治工作。

第四十二条　用人单位按照职业病防治要求，用于预防和治理职业病危害、工作场所卫生检测、健康监护和职业卫生培训等费用，按照国家有关规定，在生产成本中据实列支。

第七十三条　用人单位违反本法规定，有下列行为之一的，由安全生产监督管理部门给予警告，责令限期改正，逾期不改正的，处五万元以上二十万元以下的罚款；情节严重的，责令停止产生职业病危害的作业，或者提请有关人民政府按照国务院规定的权限责令关闭：

（一）工作场所职业病危害因素的强度或者浓度超过国家职业卫生标准的；

（二）未提供职业病防护设施和个人使用的职业病防护用品，或者提供的职业病防护设施和个人使用的职业病防护用品不符合国家职业卫生标准和卫生要求的；

（三）对职业病防护设备、应急救援设施和个人使用的职业病防护用品未按照规定进行维护、检修、检测，或者不能保持正常运行、使用状态的；

（四）未按照规定对工作场所职业病危害因素进行检测、评价的；

（五）工作场所职业病危害因素经治理仍然达不到国家职业卫生标准和卫生要求时，未停止存在职业病危害因素的作业的；

（六）未按照规定安排职业病病人、疑似职业病病人进行诊治的；

（七）发生或者可能发生急性职业病危害事故时，未立即采取应急救援和控制措施或者未按照规定及时报告的；

（八）未按照规定在产生严重职业病危害的作业岗位醒目位置设置警示标识和中文警示说明的；

（九）拒绝职业卫生监督管理部门监督检查的；

（十）隐瞒、伪造、篡改、毁损职业健康监护档案、工作场所职业病危害因素检测评价结果等相关资料，或者拒不提供职业病诊断、鉴定所需资料的；

（十一）未按照规定承担职业病诊断、鉴定费用和职业病病人的医疗、生活保障费用的。

第七十四条 向用人单位提供可能产生职业病危害的设备、材料，未按照规定提供中文说明书或者设置警示标识和中文警示说明的，由安全生产监督管理部门责令限期改正，给予警告，并处五万元以上二十万元以下的罚款。

第七十五条 用人单位和医疗卫生机构未按照规定报告职业病、疑似职业病的，由有关主管部门依据职责分工责令限期改正，给予警告，可以并处一万元以下的罚款；弄虚作假的，并处二万元以上五万元以下的罚款；对直接负责的主管人员和其他直接责任人员，可以依法给予降级或者撤职的处分。

四、《矿山安全法》相关规定

第三条 矿山企业必须具有保障安全生产的设施，建立、健全安全管理制度，采取有效措施改善职工劳动条件，加强矿山安全管理工作，保证安全生产。

第二十一条 矿长应当定期向职工代表大会或者职工大会报告安全生产工作，发挥职工代表大会的监督作用。

第二十二条 矿山企业职工必须遵守有关矿山安全的法律、法规和企业规章制度。

矿山企业职工有权对危害安全的行为，提出批评、检举和控告。

第二十五条 矿山企业工会发现企业行政方面违章指挥、强令工人冒险作业或者生产过程中发现明显重大事故隐患和职业危害，有权提出解决的建议；发现危及职工生命安全的情况时，有权向矿山企业行政方面建议组织职工撤离危险现场，矿山企业行政方面必须及时作出处理决定。

第二十六条 矿山企业必须对职工进行安全教育、培训；未经安全教育、培训的，不得上岗作业。

矿山企业安全生产的特种作业人员必须接受专门培训，经考核合格取得操作资格证书的，方可上岗作业。

第二十七条　矿长必须经过考核，具备安全专业知识，具有领导安全生产和处理矿山事故的能力。

矿山企业安全工作人员必须具备必要的安全专业知识和矿山安全工作经验。

五、《国务院关于坚持科学发展安全发展促进安全生产形势持续稳定好转的意见》相关规定

（九）认真落实企业安全生产主体责任。企业必须严格遵守和执行安全生产法律法规、规章制度与技术标准，依法依规加强安全生产，加大安全投入，健全安全管理机构，加强班组安全建设，保持安全设备设施完好有效。企业主要负责人、实际控制人要切实承担安全生产第一责任人的责任，带头执行现场带班制度，加强现场安全管理。强化企业技术负责人技术决策和指挥权，注重发挥注册安全工程师对企业安全状况诊断、评估、整改方面的作用。企业主要负责人、安全管理人员、特种作业人员一律经严格考核、持证上岗。企业用工要严格依照劳动合同法与职工签订劳动合同，职工必须全部经培训合格后上岗。

（十）强化地方人民政府安全监管责任。地方各级人民政府要健全完善安全生产责任制，把安全生产作为衡量地方经济发展、社会管理、文明建设成效的重要指标，切实履行属地管理职责，对辖区内各类企业包括中央、省属企业实施严格的安全生产监督检查和管理。严格落实地方行政首长安全生产第一责任人的责任，建立健全政府领导班子成员安全生产“一岗双责”制度。省、市、县级政府主要负责人要定期研究部署安全生产工作，组织解决安全生产重点难点问题。

（十一）切实履行部门安全生产管理和监督职责。健全完善安全生产综合监管与行业监管相结合的工作机制，强化安全生产监管部门对安全生产的综合监管，全面落实行业主管部门的专业监管、行

业管理和指导职责。相关部门、境内投资主体和派出企业要切实加强对境外中资企业安全生产工作的指导和管理。要不断探索创新与经济运行、社会管理相适应的安全监管模式，建立健全与企业信誉、项目核准、用地审批、证券融资、银行贷款等方面相挂钩的安全生产约束机制。

（十二）严格安全生产准入条件。要认真执行安全生产许可制度和产业政策，严格技术和安全质量标准，严把行业安全准入关。强化建设项目安全核准，把安全生产条件作为高危行业建设项目审批的前置条件，未通过安全评估的不准立项；未经批准擅自开工建设的，要依法取缔。严格执行建设项目安全设施“三同时”（同时设计、同时施工、同时投产和使用）制度。制定和实施高危行业从业人员资格标准。加强对安全生产专业服务机构管理，实行严格的资格认证制度，确保其评价、检测结果的专业性和客观性。

（十三）加强安全生产风险监控管理。充分运用科技和信息手段，建立健全安全生产隐患排查治理体系，强化监测监控、预报预警，及时发现和消除安全隐患。企业要定期进行安全风险评估分析，重大隐患要及时报安全监管监察和行业主管部门备案。各级政府要对重大隐患实行挂牌督办，确保监控、整改、防范等措施落实到位。各地区要建立重大危险源管理档案，实施动态全程监控。

（十四）推进安全生产标准化建设。在工矿商贸和交通运输行业领域普遍开展岗位达标、专业达标和企业达标建设，对在规定期限内未实现达标的企业，要依据有关规定暂扣其生产许可证、安全生产许可证，责令停产整顿；对整改逾期仍未达标的，要依法予以关闭。加强安全标准化分级考核评价，将评价结果向银行、证券、保险、担保等主管部门通报，作为企业信用评级的重要参考依据。

（十五）加强职业病危害防治工作。要严格执行职业病防治法，认真实施国家职业病防治规划，深入落实职业危害防护设施“三同时”制度，切实抓好煤（矽）尘、热害、高毒物质等职业危害防范治理。对可能产生职业病危害的建设项目，必须进行严格的职业病危害预评价，未提交预评价报告或预评价报告未经审核同意的，一律不得批准建设；对职业病危害防控措施不到位的企业，要依法责令其整改，情节严重的要依法予以关闭。切实做好职业病诊断、鉴定和治疗，保障职工安全健康权益。

六、《危险化学品安全管理条例》相关规定

第四条　危险化学品安全管理，应当坚持安全第一、预防为主、综合治理的方针，强化和落实企业的主体责任。

生产、储存、使用、经营、运输危险化学品的单位（以下统称危险化学品单位）的主要负责人对本单位的危险化学品安全管理工作全面负责。

危险化学品单位应当具备法律、行政法规规定和国家标准、行业标准要求的安全条件，建立、健全安全管理规章制度和岗位安全责任制度，对从业人员进行安全教育、法制教育和岗位技术培训。从业人员应当接受教育和培训，考核合格后上岗作业；对有资格要求的岗位，应当配备依法取得相应资格的人员。

第二十四条　危险化学品应当储存在专用仓库、专用场地或者专用储存室（以下统称专用仓库）内，并由专人负责管理；剧毒化学品以及储存数量构成重大危险源的其他危险化学品，应当在专用仓库内单独存放，并实行双人收发、双人保管制度。

危险化学品的储存方式、方法以及储存数量应当符合国家标准或者国家有关规定。

第二十五条　储存危险化学品的单位应当建立危险化学品出入库核查、登记制度。

对剧毒化学品以及储存数量构成重大危险源的其他危险化学品，储存单位应当将其储存数量、储存地点以及管理人员的情况，报所在地县级人民政府安全生产监督管理部门（在港区内储存的，报港

口行政管理部门）和公安机关备案。

第二十六条　危险化学品专用仓库应当符合国家标准、行业标准的要求，并设置明显的标志。储存剧毒化学品、易制爆危险化学品的专用仓库，应当按照国家有关规定设置相应的技术防范设施。

储存危险化学品的单位应当对其危险化学品专用仓库的安全设施、设备定期进行检测、检验。

第二十八条　使用危险化学品的单位，其使用条件（包括工艺）应当符合法律、行政法规的规定和国家标准、行业标准的要求，并根据所使用的危险化学品的种类、危险特性以及使用量和使用方式，建立、健全使用危险化学品的安全管理规章制度和安全操作规程，保证危险化学品的安全使用。

第三十四条　从事危险化学品经营的企业应当具备下列条件：

（一）有符合国家标准、行业标准的经营场所，储存危险化学品的，还应当有符合国家标准、行业标准的储存设施；

（二）从业人员经过专业技术培训并经考核合格；

（三）有健全的安全管理规章制度；

（四）有专职安全管理人员；

（五）有符合国家规定的危险化学品事故应急预案和必要的应急救援器材、设备；

（六）法律、法规规定的其他条件。

第三十五条　从事剧毒化学品、易制爆危险化学品经营的企业，应当向所在地设区的市级人民政府安全生产监督管理部门提出申请，从事其他危险化学品经营的企业，应当向所在地县级人民政府安全生产监督管理部门提出申请（有储存设施的，应当向所在地设区的市级人民政府安全生产监督管理部门提出申请）。申请人应当提交其符合本条例第三十四条规定条件的证明材料。设区的市级人民政府安全生产监督管理部门或者县级人民政府安全生产监督管理部门应当依法进行审查，并对申请人的经营场所、储存设施进行现场核查，自收到证明材料之日起30日内作出批准或者不予批准的决定。予以批准的，颁发危险化学品经营许可证；不予批准的，书面通知申请人并说明理由。

设区的市级人民政府安全生产监督管理部门和县级人民政府安全生产监督管理部门应当将其颁发危险化学品经营许可证的情况及时向同级环境保护主管部门和公安机关通报。

申请人持危险化学品经营许可证向工商行政管理部门办理登记手续后，方可从事危险化学品经营活动。法律、行政法规或者国务院规定经营危险化学品还需要经其他有关部门许可的，申请人向工商行政管理部门办理登记手续时还应当持相应的许可证件。

七、《国务院关于进一步加强企业安全生产工作的通知》相关规定

1. 工作要求。深入贯彻落实科学发展观，坚持以人为本，牢固树立安全发展的理念，切实转变经济发展方式，调整产业结构，提高经济发展的质量和效益，把经济发展建立在安全生产有可靠保障的基础上；坚持“安全第一、预防为主、综合治理”的方针，全面加强企业安全管理，健全规章制度，完善安全标准，提高企业技术水平，夯实安全生产基础；坚持依法依规生产经营，切实加强安全监管，强化企业安全生产主体责任落实和责任追究，促进我国安全生产形势实现根本好转。

3. 进一步规范企业生产经营行为。企业要健全完善严格的安全生产规章制度，坚持不安全不生产。加强对生产现场监督检查，严格查处违章指挥、违规作业、违反劳动纪律的“三违”行为。凡超能力、超强度、超定员组织生产的，要责令停产停工整顿，并对企业和企业主要负责人依法给予规定上限的经济处罚。对以整合、技改名义违规组织生产，以及规定期限内未实施改造或故意拖延工期的矿井，由地方政府依法予以关闭。要加强对境外中资企业安全生

产工作的指导和管理，严格落实境内投资主体和派出企业的安全生产监督责任。

4. 及时排查治理安全隐患。企业要经常性开展安全隐患排查，并切实做到整改措施、责任、资金、时限和预案“五到位”。建立以安全生产专业人员为主导的隐患整改效果评价制度，确保整改到位。对隐患整改不力造成事故的，要依法追究企业和企业相关负责人的责任。对停产整改逾期未完成的不得复产。

5. 强化生产过程管理的领导责任。企业主要负责人和领导班子成员要轮流现场带班。煤矿、非煤矿山要有矿领导带班并与工人同时下井、同时升井，对无企业负责人带班下井或该带班而未带班的，对有关责任人按擅离职守处理，同时给予规定上限的经济处罚。发生事故而没有领导现场带班的，对企业给予规定上限的经济处罚，并依法从重追究企业主要负责人的责任。

6. 强化职工安全培训。企业主要负责人和安全生产管理人员、特殊工种人员一律严格考核，按国家有关规定持职业资格证书上岗；职工必须全部经过培训合格后上岗。企业用工要严格依照劳动合同法与职工签订劳动合同。凡存在不经培训上岗、无证上岗的企业，依法停产整顿。没有对井下作业人员进行安全培训教育，或存在特种作业人员无证上岗的企业，情节严重的要依法予以关闭。

7. 全面开展安全达标。深入开展以岗位达标、专业达标和企业达标为内容的安全生产标准化建设，凡在规定时间内未实现达标的企业要依法暂扣其生产许可证、安全生产许可证，责令停产整顿；对整改逾期未达标的，地方政府要依法予以关闭。

第三章　保证安全生产投入有效实施的责任

第一节　生产经营单位安全生产投入及其使用

一、安全生产投入的要求

保证必要的安全生产投入是实现安全生产的重要基础。《安全生产法》第十八条规定，生产经营单位应当具备的安全生产条件所必需的资金投入，由生产经营单位的决策机构、主要负责人或者个人经营的投资人予以保证。生产经营单位必须安排适当的资金，用于改善安全设施，进行安全教育培训，更新安全技术装备、器材、仪器、仪表以及其他安全生产设备设施，以保证生产经营单位达到法律、法规、标准规定的安全生产条件，并对由于安全生产所必需的资金投入不足导致的后果承担责任。

安全生产投入资金具体由谁来保证，应根据企业的性质而定。一般来说，股份制企业、合资企业等安全生产投入资金由董事会予以保证，一般国有企业由厂长或者经理予以保证，个体工商户等个体经济组织由投资人予以保证。上述保证人承担由于安全生产所必需的资金投入不足而导致事故后果的法律责任。

企业安全生产投入是一项长期性的工作，安全生产设施的投入必须有一个治本的总体规划，有计划、有步骤、有重点地进行，要克服盲目无序投入的现象。因此，企业应切实加强安全生产投入资金的管理，要制订安全生产费用提取和使用计划，并纳入企业全面预算。

国家安全生产监督管理总局发布的《安全生产违法行为行政处

罚办法》（国家安全生产监督管理总局第 15 号令）对安全生产投入的行政处罚作出了明确规定：生产经营单位的决策机构、主要负责人、个人经营的投资人（包括实际控制人，下同）未依法保证安全生产所必需的资金投入，致使生产经营单位不具备安全生产条件的责令限期改正，提供必需的资金，并可以对生产经营单位处 1 万元以上 3 万元以下罚款，对生产经营单位的主要负责人、个人经营的投资人处 5 000 元以上 1 万元以下罚款；逾期未改正的，责令生产经营单位停产停业整顿。

未按规定保证安全生产所必需的资金投入，导致发生生产安全事故的，依照《生产安全事故报告和调查处理条例》的规定给予处罚。

二、安全生产投入的使用

安全生产投入主要用于以下几个方面：

（1）建设安全和卫生技术措施工程，如防火防爆工程、通风除尘工程等。

（2）增设和更新安全设备、器材、装备、仪器、仪表等，以及这些安全设备的日常维护。

（3）重大安全生产课题研究。

（4）按照国家标准为职工配备劳动保护用品和设施。

（5）职工的安全生产教育和培训。

（6）其他有关预防事故发生的安全技术措施费用，如用于制定和落实生产安全事故应急救援预案等。

三、安全生产费用提取标准

1. 高危行业企业安全生产费用提取使用制度

根据《安全生产法》和国务院《研究加强煤矿安全生产工作有关问题的会议纪要》（国阅［2003］65 号）、《国务院关于进一步加强安全生产工作的决定》(国发［2004］2号),从2004年开始,我国相继建立了煤矿、非煤矿山、危险化学品、烟花爆竹、建筑施工和道路交通等高危行业企业安全生产费用提取使用制度。

为了建立煤矿安全生产设施长效投入机制,确保煤矿安全生产投入资金有稳定的来源渠道,2004年5月,财政部、国家发展改革委、国家煤矿安全监察局联合印发了《煤炭生产安全费用提取和使用管理办法》和《关于规范煤矿维简费管理问题的若干规定》(财建［2004］119号),将原煤矿维简费中用于安全方面的支出项目独立出来,单独提取煤炭安全生产费用;2005年4月,财政部、国家发展改革委、国家安全生产监督管理总局、国家煤矿安全监察局联合印发了《关于调整煤炭生产安全费用提取标准 加强煤炭生产安全费用使用管理与监督的通知》(财建［2005］168号),提高了煤炭安全生产费用提取标准,确定了我国境内各类煤矿提取煤炭安全生产费用的最低标准。上述两个文件的颁布实施,标志着新中国成立以来第一个由国家强制规定的高危行业企业提取使用安全生产费用的政策正式出台,第一次全面建立并规范了煤矿安全生产费用提取使用制度。

2006年3月,财政部、国家安全生产监督管理总局联合印发了《烟花爆竹生产企业安全费用提取与使用管理办法》(财建［2006］180号),规定从2006年5月1日起,我国境内所有烟花爆竹生产企业全面建立生产安全费用提取使用制度。

2006年12月,财政部、国家安全生产监督管理总局联合印发了《高危行业企业安全生产费用财务管理暂行办法》(财企［2006］478号),规定从2007年1月1日起,在我国境内从事矿山开采、建筑施工、危险化学品生产、道路交通运输的企业以及其他经济组织,全面建立安全生产费用提取使用管理制度。

至此,按照《国务院关于进一步加强安全生产工作的决定》第十三条建立企业提取安全费用制度的相关规定,为保证安全生产所需要的资金投入，形成企业安全生产投入的长效机制，借鉴煤矿提取安全费用的经验，高危行业企业提取安全费用制度配套办法已经全面制定完成并开始实施。

2. 煤炭生产企业安全生产费用

按照财政部、国家发展改革委、国家安全监管总局和国家煤矿安监局联合印发的《煤炭生产安全费用提取和使用管理办法》《关于调整煤炭生产安全费用提取标准 加强煤炭生产安全费用使用管理与监督的通知》规定，我国境内所有煤炭生产企业都必须按照原煤实际产量，在成本中按月提取安全生产费用，专门用于煤矿安全生产设施投入。

煤炭生产企业包括从事原煤生产活动的国有企业单位、集体所有制的企业单位、股份制企业、中外合资经营企业、中外合作经营企业、外资企业、合伙企业、个人独资企业等，不论其经济性质如何，也不论其经济规模大小，只要是从事原煤生产活动，都必须按照规定标准足额提取使用煤炭安全生产费用资金。

煤炭安全生产费用提取标准按照矿井生产能力，将煤矿划分为大中型矿井和小型矿井两类。大中型矿井是指设计生产能力在 45 万吨及以上的矿井。小型矿井是指设计生产能力在 30 万吨及以下的矿井。一个煤矿有多对矿井的，要逐个矿井确定井型和提取标准。不能以多对矿井合并计算的生产能力作为确定煤矿类型的依据。

煤矿安全生产投入与矿井灾害程度有着直接的关系，自然灾害程度越高，其安全生产投入就应越大。因此，按照以上煤矿分类，煤炭安全生产费用在提取标准上将高瓦斯矿井、煤与瓦斯突出、自然发火严重及涌水量大的煤矿归为一类；低瓦斯矿井归为一类。具体划分标准参照《煤矿安全规程》有关规定。

煤矿安全生产资金投入与开采方式、矿井设计能力和原煤实际产量都有一定关系，有些投入受开采方式的影响，有些费用受矿井设计能力制约，有些费用又随着煤炭实际产量的变化而变化，各项因素对安全生产投入的影响程度不同，因而科学准确地确定煤炭安全生产费用计提基数十分关键。从当前我国煤炭生产企业的实际投入情况来看，在以上各项因素中，安全生产费用受煤炭实际产量影响最大，因此，确定煤炭安全生产费用按原煤实际产量提取比较合理，也较符合实际。

原煤实际产量包括生产矿井产量和基建矿井产量，不包括洗煤和外购原煤。

具体提取标准如下：

（1）大中型煤矿

1）高瓦斯、煤与瓦斯突出、自然发火严重和涌水量大的矿井吨煤不低于8元，重点监控煤炭生产企业吨煤不低于15元。

2）低瓦斯矿井吨煤不低于5元。

3）露天矿吨煤不低于3元。

（2）小型煤矿

1）高瓦斯、煤与瓦斯突出、自然发火严重和涌水量大的矿井吨煤不低于10元。

2）低瓦斯矿井吨煤不低于6元。

煤炭生产企业要在上述最低标准的基础上，根据安全生产实际需要，科学合理地确定安全费用具体提取标准，报当地主管税务机关、财政部门、煤炭行业管理部门、煤矿安全监管机构和各级煤矿安全监察机构备案。

安全费用提取标准一经确定，煤炭生产企业不得随意改动。确需变动的，报当地主管税务机关、财政部门、煤炭行业管理部门、煤矿安全监管机构和各级煤矿安全监察机构备案后，从下一年度开始实施。

3. 烟花爆竹生产企业安全生产费用

烟花爆竹生产企业属于劳动密集型企业，其烟火药、黑火药、引火线等主要原材料及产品易燃易爆，生产过程中容易发生燃烧、爆炸事故，造成严重人员伤亡。为了促使烟花爆竹生产企业加大安全生产所需资金投入，开辟稳定的安全保障资金供给渠道，形成烟花爆竹生产企业安全生产投入的长效机制，按照财政部、国家安全监管总局印发的《烟花爆竹生产企业安全费用提取与使用管理办法》规定，在我国境内生产烟花爆竹制品和用于生产烟花爆竹的民用黑火药、烟火药、引火线等物品的企业，都要按照年度销售收入分月提取安全费用，列入企业成本，专门用于安全生产投入。

烟花爆竹生产企业安全费用以年度销售收入作为计提基数提取。以销售收入作为计提基数的主要原因：一是具有可操作性，年度销售收入可以通过有关会计核算方法得出，便于实际操作中的计算与检查，符合企业市场经营的客观实际，可以确保企业有能力按期、足额提取安全费用；二是符合企业实际，目前我国现行的烟花爆竹生产企业税收计算方法也大都以销售收入作为计算基数。因此，烟花爆竹生产企业安全生产费用提取标准采取以销售收入作为计算基数，有利于同税收、统计等国家有关政策配合落实。

具体提取标准如下：

(1) 当年销售收入在 200 万元（含 200 万元）以下的部分按 3.5%提取。

(2) 当年销售收入超过 200 万元至 500 万元（含 500 万元）的部分按 3%提取。

(3) 当年销售收入超过 500 万元至 1 000 万元（含 1 000 万元）的部分按 2.5%提取。

(4) 当年销售收入超过 1 000 万元以上的部分按 2%提取。

4. 其他高危行业企业安全生产费用

按照财政部、国家安全监管总局印发的《高危行业企业安全生产费用财务管理暂行办法》规定，在中华人民共和国境内从事矿山开采、危险品生产、建筑施工以及道路交通运输的企业以及其他经济组织，都要按照规定标准提取使用安全生产费用。

其中，矿山开采是指石油和天然气、金属矿、非金属矿及其他矿藏资源的勘探和生产、闭坑及有关活动；建筑施工是指土木工程、建筑工程、井巷工程、线路管道和设备安装及装修工程的新建、扩建、改建以及矿山建设；危险品是指列入国家标准《危险货物品名表》（GB 12268—1990）和国家有关部门确定并公布的《剧毒化学品目录》的物品，包括军工生产危险品和民用爆炸物品等；道路交通运输是指以机动车为交通工具的旅客和货物运输。

危险性较小的非煤矿山，如地热、温泉、矿泉水、卤盐开采矿山和河道采砂、采金船作业、小型砖瓦黏土矿等，不要求单独提取安全生产费用。具体提取标准如下：

（1）矿山企业。依据开采的原矿产量，按照以下标准分月提取：

1）石油，每吨原油 17 元。

2）天然气，每千立方米原气 5 元。

3）金属矿中的露天矿山每吨 4 元，井下矿山每吨 8 元。

4）核工业矿山，每吨 22 元。

5）非金属矿中的露天矿山每吨 1 元，井下矿山每吨 2 元。

6）小型露天采石场，即年采剥总量 50 万吨以下，且最大开采高度不超过 50 米，产品用于建筑、铺路的山坡型露天采石场，每吨 0.5 元。

以上原矿产量不含金属、非金属矿山尾矿库和废石场中用于综合利用的尾砂和低品位矿石等。

对煤系金属非金属矿山、水体下开采矿山、有自然发火可能性的矿山、在需要保护的建（构）筑物和铁路下面开采的矿山，以及其他对安全生产有特殊要求的矿山，经省级安全生产监督管理部门会同同级财政部门核准后，可以在上述规定标准基础上提高提取标准，但最高不得超过原提取标准的 150％。

（2）建筑施工总承包企业和专业承包企业。以当年主营业务收入为计提依据，采取超额累退方法，按照以下标准分月提取：

1）房屋建筑工程和矿山工程为2%。

2）电力工程、水利水电工程、铁路工程为1.5%。

3）市政公用工程、冶炼工程、机电安装工程、化工石油工程、港口与航道工程、公路工程、通信工程为1%。

建筑施工企业提取的安全生产费用列入工程造价，竞标时不得删减。国家对基本建设投资概算另有规定的，从其规定。安全生产费用由总包单位统一收取的，总包单位应将安全生产费用按比例直接支付给分包单位，分包单位不再重复提取。

建设单位在编制工程概（预）算时，应当根据国家规定的安全生产费率确定安全生产费用。对依法进行工程招投标的建设项目，招标人或者其委托的招标代理机构编制招标文件时，应当在建设项目工程造价中单列安全生产费用，并单独报价，中标后也不得削减。

建设工程监理部门要对安全生产费用支付使用等情况进行监督。

（3）危险品生产企业。以本年度实际销售收入为计提依据，采取超额累退方法，按照以下标准分月提取：

1）全年实际销售收入在1 000万元（含）以下的，按照4%提取。

2）全年实际销售收入超过1 000万元至1亿元（含）的部分，按照2%提取。

3）全年实际销售收入超过1亿元至10亿元（含）的部分，按照0.5%提取。

4）全年实际销售收入超过10亿元以上的部分，按照0.2%提取。

（4）道路交通运输企业。以营业收入为计提依据，按照以下标准分月提取：

1）客运业务按照0.5%提取。

2）普通货运业务按照1%提取。

3）危险品等特殊货运业务按照1.5%提取。

企业提取安全生产费用后，对大型企业和中小型企业提取的安全生产费用，其专户资金累计结余分别达到本企业年销售收入的2%和5%时，允许企业提出申请，报经当地县级以上安全生产监督管理部门及同级财政部门同意后，企业可以缓提或者少提安全生产费用。

对企业规模的划分标准，按照原国家经贸委、原国家计委、财政部、国家统计局《关于印发中小企业标准暂行规定的通知》（国经贸中小企［2003］143号）和国家统计局《统计上大中小型企业划分办法（暂行）》（国统字［2003］17号）规定执行。

第二节　生产经营单位安全生产风险抵押金管理

一、安全生产风险抵押金的法规要求

由于一些企业主经济能力有限或者有意逃避责任，常常在发生重特大事故后躲避逃逸，把抢险救灾和事故善后处理全部推给地方人民政府，造成了极坏的社会影响，严重影响事故抢险救援和善后处理工作。为扭转当前这种恶劣现象，强化企业安全生产意识，落实安全生产责任，需要建立风险抵押机制，依法确定对危险性较大的企业，存储一定数额的安全生产风险抵押金，专项用于企业生产经营期间发生生产安全事故的抢险救援和善后处理。

《国务院关于进一步加强安全生产工作的决定》规定，建立企业安全生产风险抵押金制度。为强化生产经营单位的安全生产责任，各地区可结合实际，依法对矿山、道路交通运输、建筑施工、危险化学品、烟花爆竹等领域从事生产经营活动的企业，收取一定数额的安全生产风险抵押金，企业生产经营期间发生生产安全事故的，

转作事故抢险救援和善后处理所需资金。据此，财政部、国家安全生产监督管理总局、中国人民银行联合印发了《企业安全生产风险抵押金管理暂行办法》（财建［2006］369号），财政部、国家安全生产监督管理总局联合印发了《煤矿企业安全生产风险抵押金管理暂行办法》（财建［2005］918号）。

二、安全生产风险抵押金的存储

财政部、国家安全生产监督管理总局、中国人民银行联合印发的《企业安全生产风险抵押金管理暂行办法》第三条和财政部、国家安全生产监督管理总局《煤矿企业安全生产风险抵押金管理暂行办法》第二章第四条、第五条，对风险抵押金的存储和使用都作出了明确规定。

（1）交通运输、建筑施工、危险化学品、烟花爆竹等行业或领域从事生产经营活动的企业存储标准：

1）小型企业不低于人民币30万元。

2）中型企业不低于人民币100万元。

3）大型企业不低于人民币150万元。

4）特大型企业不低于人民币200万元。

各省、自治区、直辖市安全生产监督管理部门及同级财政部门根据企业正常生产经营期间的规模大小和行业特点，按照产量、从业人数或销售收入等因素，参照以上标准确定本地区企业风险抵押金的具体存储标准。考虑到不影响特大型、大型企业的生产经营资金周转，每个企业风险抵押金累计达到500万元时不再存储。

（2）煤矿企业的存储标准。按照煤矿企业核定（设计）或者采矿许可证确定的生产能力，风险抵押金的标准为：

1）3万吨以下（含3万吨）存储60万～100万元。

2）3万吨以上至9万吨（含9万吨）存储150万～200万元。

3）9万吨以上至15万吨（含15万吨）存储250万～300万元。

4）15 万吨以上，以 300 万元为基数，每增加 10 万吨增加 50 万元。

各省、自治区、直辖市人民政府安全生产监督管理部门及同级财政部门根据煤矿企业正常生产经营期间的规模产量和安全程度评估等有关因素，在以上相应的分档区间内确定风险抵押金具体存储数额。为了不影响特大型、大型国有煤矿企业的生产经营资金周转，每个企业风险抵押金累计达到 600 万元时不再存储。

三、安全生产风险抵押金的使用

企业安全生产风险抵押金一般用于以下两个方面：

（1）为处理本企业生产安全事故而直接发生的抢险救援费用支出。

（2）为处理本企业生产安全事故善后事宜而直接发生的费用支出。

企业发生生产安全事故后产生的抢险救援及善后处理费用，全部由企业负担，原则上应当由企业先行支付，确需动用风险抵押金专户资金的，经安全生产监督管理部门及同级财政部门批准，由代理银行具体办理有关手续。费用支出超过安全生产风险抵押金的，其超出部分仍由企业负担。

若发生下列情形之一，省、市、县级安全生产监督管理部门及同级财政部门可以根据企业生产安全事故抢险救援及善后处理工作需要，将风险抵押金部分或者全部转作事故抢险救援和善后处理所需资金。

（1）企业负责人在生产安全事故发生后逃逸的。

（2）企业生产安全事故发生后，未在规定时间内主动承担责任，支付抢险救援及善后处理费用的。

四、安全生产风险抵押金的管理

风险抵押金实行分级管理，由省、市、县级安全生产监督管理部门及同级财政部门共同负责。对中央管理企业的风险抵押金，按照属地原则管理，由所在地省级安全生产监督管理部门及同级财政部门确定后报国家安全生产监督管理总局及财政部备案。

安全生产风险抵押金管理必须做到“专户存储、单独核算、专款专用、严禁挪用”，不得在企业之间相互调剂，各级财政、审计等部门要定期对安全生产风险抵押金进行监督和检查，确保资金安全、规范运行。

企业持续生产经营期间，当年未发生生产安全事故、没有动用风险抵押金的，风险抵押金自然结转存储，企业在下年不再另行存储。企业当年若发生生产安全事故、动用风险抵押金的，省、市、县级安全生产监督管理部门及同级财政部门应当重新核定企业应存储的风险抵押金数额，并及时告知企业；企业应当在核定通知送达后 1 个月内，按照规定的标准补齐风险抵押金的存储差额。

企业生产经营持续期间，其生产经营规模、产量、从业人数等国家规定的存储风险抵押金核定基础发生较大变动的，省、市、县级安全生产监督管理部门及同级财政部门应于下年度第一季度结束前调整该企业的风险抵押金存储数额，并按照调整后的差额及时通知企业补存（退还）风险抵押金。

按照规定已经存储安全生产风险抵押金的企业，由于依法关闭、破产或者转为其他行业的，企业提出申请，经省、市、县级安全生产监督管理部门及同级财政部门核准后，代理银行允许企业按照国家有关规定自主支配其风险抵押金专户结存资金。

安全生产风险抵押金在实际支出时计入企业成本，在缴纳企业所得税前列支。有关会计核算问题，按照国家统一会计制度处理。

在每个年度终了后 3 个月内，省级安全生产监督管理部门及同级财政部门要将上年度本地区风险抵押金存储、使用、管理等有关情况报国家安全生产监督管理总局及财政部。

各级安全生产监督管理部门、财政部门及其工作人员有挪用风险抵押金等违反规定及国家有关法律法规行为的，依照国家有关规定进行处理。

《安全生产违法行为行政处罚办法》第四十二条规定，对企业未按规定缴存和使用安全生产风险抵押金的，有关部门可以责令限期改正，并可以对生产经营单位处 1 万元以上 3 万元以下罚款，对生产经营单位的主要负责人、个人经营的投资人处 5 000 元以上 1 万元以下罚款；逾期未改正的，责令生产经营单位停产停业整顿。

第三节　为职工储备工伤保险基金的投入

一、工伤保险基金的构成

工伤保险基金是社会保险基金中的一种，由依法参加工伤保险的用人单位缴纳的工伤保险费、工伤保险基金的利息和依法纳入工伤保险基金的其他资金构成。

工伤保险基金主要有以下特点：

1. 强制性

工伤保险费是国家以法律规定的形式，向规定范围内的用人单位征收的一种社会保险费。具有缴费义务的单位必须按照法律的规定进行缴费，否则就是一种违法行为，用人单位要按照法律的规定承担相应的责任。

2. 共济性

用人单位按规定缴纳工伤保险费后，不管该单位是否发生工伤，发生多大程度和范围的工伤，都应按照法律的规定由基金支付相应的工伤保险待遇。缴费单位不能因为没有发生工伤，而要求返还缴纳的工伤保险费。社会保险经办机构也不能因为单位发生的工伤多、支付的基金数额大，而要求该单位追加缴纳工伤保险费，只能在确定用人单位下一轮费率时适当考虑其工伤保险基金支付情况。

3. 固定性

国家根据社会保险事业的需要，事先规定工伤保险费的缴费对象、缴费基数和费率的基本原则。在征收时，不因缴费义务人的具体情况而随意调整。固定性还表现在工伤保险基金的使用上，实行专款专用，任何人不得挪用。

工伤保险费是工伤保险基金的主要来源。因此，凡是纳入工伤保险范围的用人单位应当按照规定及时足额缴纳工伤保险费，以保证基金的支付能力，切实保障工伤职工及时获得医疗救治和经济补偿。工伤保险基金按照规定存入银行或者购买国债，取得的利息并入工伤保险基金。其他资金是指按规定征收的滞纳金、社会捐赠等资金。

二、工伤保险费率

1. 工伤保险费率的确定

工伤保险实行现收现付制，也就是当期征缴的工伤保险费用于支付当期的各项工伤保险待遇及其他合法支出。因此，工伤保险费率的确定，应该保证各项工伤保险待遇及各个合法项目的支出，同时又不能使基金有过多的积累。正是基于上述考虑，工伤保险实行以支定收、收支平衡的费率确定原则。以支定收、收支平衡，即是以一个周期内的工伤保险基金的支付额度为标准，确定征缴保险费的额度，使工伤保险基金在一个周期内的收与支保持平衡。

2. 行业差别费率

工伤保险费率的确定方式与养老、医疗、失业保险不同。工伤保险费率的确定，与所属行业和单位工伤发生率等情况挂钩。由于各行业在产业结构、生产类型、生产技术条件、管理水平等方面存在差异，表现出不同的职业伤害风险，为了体现保险费用公平负担，促使发生事故多的行业改进生产条件、提高生产技术、搞好安全生产，许多国家都是根据不同行业的工伤风险程度确定行业差别费率。国外对工伤保险费率的确定方式大体分为三种：第一种是对每一雇主单独确定；第二种是根据企业所属行业发生工伤风险情况而定；第三种是所有雇主缴纳同一数额。在实行行业差别费率的国家，各行业的费率幅度为单位工资总额的0.2%～21%，相差较大。例如，德国的工伤保险费率最低的为0.71%，最高的为14.58%；美国的工伤保险费率为0.6%～6%；日本的工伤保险费率最低的为0.5%，最高的为14.8%；意大利为0.6%～16%；巴西为0.4%～2.5%。

在我国，用人单位缴纳工伤保险费不实行统一费率，而是实行行业差别费率和用人单位浮动费率相结合的工伤保险费率。不同的行业，工伤风险有很大差别，工伤保险费率在实现社会共济的同时，与用人单位所属行业挂钩，形成行业差别费率，使工伤保险缴费更为公平。在实行行业差别费率的基础上，建立单位缴费浮动机制。也就是说，国家根据不同行业的工伤风险程度，确定行业差别费率，并根据本行业内企业间工伤保险费使用、工伤发生的差异程度等情况确定若干费率档次。行业差别费率和浮动费率档次的制定由国务院社会保险行政部门具体组织实施，并报国务院批准后施行。因此，地方各级社会保险行政部门没有权力确定或者改变行业差别费率和浮动费率档次。

目前执行的工伤保险费率是按照2003年由原劳动保障部会同财政部、卫生部、安监总局共同发布的《关于工伤保险费率问题的通知》（劳社部发［2003］29号）确定的。该通知将国民经济行业划分为三类，根据三类行业的风险差别，分别确定不同的费率，每类行业都设有一个基准费率，但平均缴费率原则上控制在职工工资总额的1%左右。一类行业为风险较小行业，如金融保险、商业、餐饮业、邮电、广播等，基准费率为0.5%左右；二类行业为中等风险行业，如农林水利、一般制造业等，基准费率为1%左右；三类行业为风险较大行业，如石油开采加工、矿山开采加工等，基准费率为2%左右。三类行业中，一类行业不浮动；二类和三类行业的用人单位实行浮动费率，根据用人单位使用工伤保险基金、工伤发生率、职业病危害程度等因素，1～3年浮动一次。具体浮动办法是：在行业基准费率的基础上，可上下各浮动两档。上浮第一档为本行业基准费率的120%，第二档为150%；下浮第一档为本行业基准费率的80%，第二档为50%。

3. 用人单位缴费

用人单位具体缴费费率的确定，是在行业差别费率及费率档次制定后，根据每个用人单位上一费率确定周期使用工伤保险基金、工伤发生率等情况，由统筹地区社会保险经办机构确定其在所属行业的不同费率档次中适用哪一个档次的费率。用人单位的具体缴费费率由社会保险经办机构行使确定权。社会保险经办机构在确定用人单位工伤保险费率时，应根据每个用人单位上一周期使用工伤保险基金、工伤发生率和所属行业费率档次等因素确定。

4. 工伤保险费缴费主体、费率和数额

法律规定的工伤保险费由用人单位缴纳，职工个人不缴纳，是指工伤保险费全部由用人单位缴纳，职工本人不承担缴费义务。这一规定与养老保险、医疗保险等其他社会保险险种实行的多方责任制度不同，它体现了工伤保险遵循的雇主责任原则。

目前，世界各国实行的工伤保险大体可以分为两种体制：一种是社会保险制，另一种是雇主责任制。

雇主责任制有两种方式：一是受伤的工人或遗属直接向雇主要求赔偿；二是雇主为其雇员的工伤风险购买商业保险。实行雇主责任制的是少数国家。

社会保险制是参加工伤保险的雇主，必须向社会保险机构缴纳工伤保险费。我国实行的是社会保险制，规定由雇主缴费。要求我国境内的各类企业和有雇工的个体工商户都应当按照社会保险经办机构规定的缴费时间，及时缴纳工伤保险费，否则要承担法律责任。

工伤保险实行的是“无责任赔偿”，强调单位（雇主）的赔偿责任，规定职工个人不缴纳工伤保险费。用人单位不得采取任何手段，将工伤保险费分摊给职工个人。

《工伤保险条例》第十条规定，用人单位缴纳工伤保险费的数额为本单位职工工资总额乘以单位缴费费率之积。

工资总额是指每一个企业、每一个有雇工的个体工商户直接支付给本单位全部职工的劳动报酬的总额。其中，全部职工是指与每一个企业、每一个有雇工的个体工商户存在劳动关系（包括事实劳动关系）的各种用工形式、各种用工期限的劳动者。国家统计局所规定的工资总额是指一个单位一个月或者一年发放给全体职工的所有工资，这与《工伤保险条例》第十条所规定的工资总额是有区别的。其区别就在于国家统计局所规定的工资总额中的“全体职工”实际上并不包括我们通常所讲的农民工和临时工等灵活用工形式、灵活用工期限的劳动者。因此，本条所规定的工资总额的范围比国家统计局所规定的工资总额的范围要广。换言之，每一个企业、每一个有雇工的个体工商户所招用的所有劳动者的劳动报酬都要计入工资总额之中。

根据国家统计局关于工资总额的规定，单位的工资总额包括计时工资、计件工资、奖金、津贴、补贴、加班加点工资以及特殊情况下支付的工资，但不包括下列费用：

（1）单位支付给劳动者个人的社会保险福利费用，如丧葬抚恤费、生活困难补助费、计划生育补贴等。

（2）劳动保护方面的费用，如用人单位支付给劳动者的工作服、解毒剂、清凉饮料等费用。

（3）按规定未列入工资总额的各种劳动报酬及其他劳动收入，如根据国家规定发放的创造发明奖、国家星火奖、自然科学奖、科学技术进步奖、中华技能大奖，以及稿酬、讲课费、翻译费等。

缴费费率是指统筹地区社会保险经办机构按照《工伤保险条例》第八条规定的行业差别费率以及行业内的费率档次所确定的每一个企业、每一个有雇工的个体工商户应当缴纳的实际费率。目前，全国工伤保险费率大致为每一个企业、每一个有雇工的个体工商户工资总额的1%。

三、工伤保险基金的管理和使用

《工伤保险条例》第十二条规定："工伤保险基金存入社会保障基金财政专户，用于本条例规定的工伤保险待遇，劳动能力鉴定，工伤预防的宣传、培训等费用，以及法律、法规规定的用于工伤保险的其他费用的支付……任何单位或者个人不得将工伤保险基金用于投资运营、兴建或者改建办公场所、发放奖金，或者挪作其他用途。"

1. 财政专户

工伤保险基金是国家为实施工伤保险制度，通过法定程序建立起来的用于特定目的的资金，是实施工伤保险制度的基础。如果不能合理、有效地使用工伤保险基金，工伤保险制度就会落空。因此，工伤保险基金作为专项基金须存入统筹地区银行的财政专户，专款专用，实行收支两条线管理。

在实际操作中，负责社会保险费征缴的机构、财政部门和社会保险经办机构在国有商业银行分别开设"工伤保险基金收入户""社会保障基金财政专户"和"工伤保险基金支出户"。收入户用于暂存收缴的各项基金收入，除按规定向社会保障基金财政专户划拨资金外，一般只收不支；支出户主要用于支付基金开支项目，除按规定接收财政专户拨入的资金外，一般只支不收；财政专户用于存储基金，其作用是接收从收入户划入的资金，并向支出户拨付资金。工伤保险基金的各项支出必须从支出户中拨付。

工伤保险基金收入户的资金应定期全部划入社会保障基金财政专户。财政部门按照社会保险经办机构关于工伤保险基金支付的预算，按一定期限将资金从社会保障基金财政专户划拨到工伤保险基金支出户。出现特殊情况需要临时调整工伤保险基金支付数额时，由社会保险经办机构提出用款计划，经财政部门审核后划拨资金；需要调整预算的，按调整后的预算执行。财政部门除根据社会保险经办机构的预算和其提出的用款计划拨付资金外，不得自行安排和使用工伤保险基金。同时，为了严肃财经纪律，法律规定，工伤保险基金不得用于投资运营、兴建或者改建办公场所、发放奖金，或者挪作其他用途，也不可以挪作其他社会保险项目的支付。

工伤保险基金实行收支两条线管理，是为了加强对工伤保险基金的管理，维护工伤职工的合法权益，保证基金的完整与安全。因此，在实际操作中，各相关主体应严格按照规定执行，不得违规操作，否则将受到行政处分甚至是刑事处罚。

2. 关于工伤保险基金的使用

工伤保险基金按照“以支定收、收支平衡”的原则确定。由于从筹集到支付的时间跨度较短，沉淀的资金不多，而且工伤事故的发生具有不确定性，因而基金随时面临支付的可能。为了保障将资金用于工伤职工的救治、救济，《工伤保险条例》规定，工伤保险基金只能用于工伤保险待遇、劳动能力鉴定以及法律、法规规定的费用支出。

一是工伤保险待遇。按照《工伤保险条例》的规定，工伤保险待遇主要包括医疗康复待遇、伤残待遇和死亡待遇。医疗康复待遇包括诊疗费、药费、住院费用，以及在规定的治疗期内的工资待遇。伤残待遇包括一至十级工伤职工的一次性伤残补助金，标准分别为27个月至7个月的本人工资；一至六级工伤职工的伤残津贴，标准分别为本人工资的90%、85%、80%、75%、70%、60%；需要护理的，还可以享受生活护理费，标准分别为当地职工平均工资的

50%、40%和30%；需要安装辅助器具的，由基金支付费用。另外，还包括五至十级工伤职工终止或者解除劳动合同时应当享受的一次性医疗补助金等。死亡待遇包括丧葬补助金，标准为6个月工资；供养亲属抚恤金，配偶享受工亡职工工资的40%，其他亲属为每人每月30%，核定的各供养亲属的抚恤金之和不应高于因工死亡职工生前的工资。一次性工亡补助金，标准为上一年度全国城镇居民人均可支配收入的20倍。

二是劳动能力鉴定费。根据《工伤保险条例》的规定，劳动能力鉴定费是指劳动能力鉴定委员会支付给参加劳动能力鉴定的医疗卫生专家的费用。如果劳动能力鉴定是由劳动能力鉴定委员会委托具备资格的医疗机构协助进行的，劳动能力鉴定费也包括支付给相关医疗机构的诊断费用。将劳动能力鉴定费纳入工伤保险基金的支出项目，是工伤保险制度的一大进步。在此之前，劳动能力鉴定费是由申请进行劳动能力鉴定的工伤职工所在单位支付。考虑到建立工伤保险制度的目的之一就是分散用人单位的工伤风险，将单个用人单位承担的对工伤职工的赔付责任，以通过参加工伤保险统筹的方式来体现，尽量减少用人单位对工伤职工的责任。因此，《工伤保险条例》将劳动能力鉴定费纳入工伤保险基金支出项目。

三是工伤预防费用。从国际上看，实行工伤保险制度的国家一般均采用工伤预防、工伤补偿、工伤康复三位一体的机制，坚持“预防优先”原则，将工伤预防费纳入工伤保险基金支出项目。工伤预防费一般用于对企业进行工伤预防宣传，对企业管理人员和一线员工进行安全教育和培训，对企业改善安全状况和作业环境给予补贴等。由于使用部分基金加强了工伤预防，使工伤事故和职业病发生率下降，从源头上减少了工伤事故，也减少了基金支出。

四是法律、法规规定的用于工伤保险的其他费用。《工伤保险条例》明确列举了工伤保险基金的具体支出项目，但是随着工伤保险事业的发展，不可避免地会出现一些新的应该由工伤保险基金支付的项目，目前的规定不可能穷尽所有的应该由基金支出的项目。为了给基金的合法支出留有一定的空间，同时也为了避免滥用基金情况的发生，《工伤保险条例》规定，只有全国人大及其常委会制定的法律，国务院制定的行政法规和省、自治区、直辖市人大制定的地方性法规才能规定工伤保险基金的支出项目。其他文件，包括省级人民政府制定的政府规章和劳动保障部门制定的部门规章，都不得规定工伤保险基金的支出项目。

第四节　安全生产投入相关法律法规规定

一、《安全生产法》相关规定

第十一条　各级人民政府及其有关部门应当采取多种形式，加强对有关安全生产的法律、法规和安全生产知识的宣传，提高职工的安全生产意识。

第十四条　国家鼓励和支持安全生产科学技术研究和安全生产先进技术的推广应用，提高安全生产水平。

第十五条　国家对在改善安全生产条件、防止生产安全事故、参加抢险救护等方面取得显著成绩的单位和个人，给予奖励。

第十六条　生产经营单位应当具备本法和有关法律、行政法规和国家标准或者行业标准规定的安全生产条件；不具备安全生产条件的，不得从事生产经营活动。

第十八条　生产经营单位应当具备的安全生产条件所必需的资金投入，由生产经营单位的决策机构、主要负责人或者个人经营的投资人予以保证，并对由于安全生产所必需的资金投入不足导致的后果承担责任。

第二十一条　生产经营单位应当对从业人员进行安全生产教育和培训，保证从业人员具备必要的安全生产知识，熟悉有关的安全生产规章制度和安全操作规程，掌握本岗位的安全操作技能。未经安全生产教育和培训合格的从业人员，不得上岗作业。

第二十二条　生产经营单位采用新工艺、新技术、新材料或者使用新设备，必须了解、掌握其安全技术特性，采取有效的安全防护措施，并对从业人员进行专门的安全生产教育和培训。

第二十三条　生产经营单位的特种作业人员必须按照国家有关规定经专门的安全作业培训，取得特种作业操作资格证书，方可上岗作业。

特种作业人员的范围由国务院负责安全生产监督管理的部门会同国务院有关部门确定。

第二十四条　生产经营单位新建、改建、扩建工程项目（以下统称建设项目）的安全设施，必须与主体工程同时设计、同时施工、同时投入生产和使用。安全设施投资应当纳入建设项目概算。

第二十五条　矿山建设项目和用于生产、储存危险物品的建设项目，应当分别按照国家有关规定进行安全条件论证和安全评价。

第三十七条　生产经营单位必须为从业人员提供符合国家标准或者行业标准的劳动防护用品，并监督、教育从业人员按照使用规则佩戴、使用。

第三十九条　生产经营单位应当安排用于配备劳动防护用品、进行安全生产培训的经费。

第四十三条　生产经营单位必须依法参加工伤社会保险，为从业人员缴纳保险费。

第四十八条　因生产安全事故受到损害的从业人员，除依法享有工伤社会保险外，依照有关民事法律尚有获得赔偿的权利的，有权向本单位提出赔偿要求。

二、《劳动法》相关规定

第五十二条　用人单位必须建立、健全劳动安全卫生制度，严格执行国家劳动安全卫生规程和标准，对劳动者进行劳动安全卫生教育，防止劳动过程中的事故，减少职业危害。

第五十三条　劳动安全卫生设施必须符合国家规定的标准。

新建、改建、扩建工程的劳动安全卫生设施必须与主体工程同时设计、同时施工、同时投入生产和使用。

第五十四条　用人单位必须为劳动者提供符合国家规定的劳动安全卫生条件和必要的劳动防护用品，对从事有职业危害作业的劳动者应当定期进行健康检查。

第五十五条　从事特种作业的劳动者必须经过专门培训并取得特种作业资格。

第六十五条　用人单位应当对未成年工定期进行健康检查。

第六十八条　用人单位应当建立职业培训制度，按照国家规定提取和使用职业培训经费，根据本单位实际，有计划地对劳动者进行职业培训。从事技术工种的劳动者，上岗前必须经过培训。

第七十条　国家发展社会保险事业，建立社会保险制度，设立社会保险基金，使劳动者在年老、患病、工伤、失业、生育等情况下获得帮助和补偿。

第七十一条　社会保险水平应当与社会经济发展水平和社会承受能力相适应。

第七十二条　社会保险基金按照保险类型确定资金来源，逐步实行社会统筹。用人单位和劳动者必须依法参加社会保险，缴纳社会保险费。

第七十四条　社会保险基金经办机构依照法律规定收支、管理和运营社会保险基金，并负有使社会保险基金保值增值的责任。社会保险基金监督机构依照法律规定，对社会保险基金的收支、管理和运营实施监督。社会保险基金经办机构和社会保险基金监督机构的设立和职能由法律规定。任何组织和个人不得挪用社会保险基金。

三、《职业病防治法》相关规定

第三条 职业病防治工作坚持预防为主、防治结合的方针，建立用人单位负责、行政机关监管、行业自律、职工参与和社会监督的机制，实行分类管理、综合治理。

第四条 劳动者依法享有职业卫生保护的权利。

用人单位应当为劳动者创造符合国家职业卫生标准和卫生要求的工作环境和条件，并采取措施保障劳动者获得职业卫生保护。

工会组织依法对职业病防治工作进行监督，维护劳动者的合法权益。用人单位制定或者修改有关职业病防治的规章制度，应当听取工会组织的意见。

第七条 用人单位必须依法参加工伤保险。

国务院和县级以上地方人民政府劳动保障行政部门应当加强对工伤保险的监督管理，确保劳动者依法享受工伤保险待遇。

第八条 国家鼓励和支持研制、开发、推广、应用有利于职业病防治和保护劳动者健康的新技术、新工艺、新设备、新材料，加强对职业病的机理和发生规律的基础研究，提高职业病防治科学技术水平；积极采用有效的职业病防治技术、工艺、设备、材料；限制使用或者淘汰职业病危害严重的技术、工艺、设备、材料。

国家鼓励和支持职业病医疗康复机构的建设。

第十五条 产生职业病危害的用人单位的设立除应当符合法律、行政法规规定的设立条件外，其工作场所还应当符合下列职业卫生要求：

（一）职业病危害因素的强度或者浓度符合国家职业卫生标准；

（二）有与职业病危害防护相适应的设施；

（三）生产布局合理，符合有害与无害作业分开的原则；

（四）有配套的更衣间、洗浴间、孕妇休息间等卫生设施；

（五）设备、工具、用具等设施符合保护劳动者生理、心理健康的要求；

（六）法律、行政法规和国务院卫生行政部门、安全生产监督管理部门关于保护劳动者健康的其他要求。

第二十二条　用人单位应当保障职业病防治所需的资金投入，不得挤占、挪用，并对因资金投入不足导致的后果承担责任。

第二十三条　用人单位必须采用有效的职业病防护设施，并为劳动者提供个人使用的职业病防护用品。

用人单位为劳动者个人提供的职业病防护用品必须符合防治职业病的要求；不符合要求的，不得使用。

第二十四条　用人单位应当优先采用有利于防治职业病和保护劳动者健康的新技术、新工艺、新设备、新材料，逐步替代职业病危害严重的技术、工艺、设备、材料。

第二十六条　对可能发生急性职业损伤的有毒、有害工作场所，用人单位应当设置报警装置，配置现场急救用品、冲洗设备、应急撤离通道和必要的泄险区。

对放射工作场所和放射性同位素的运输、贮存，用人单位必须配置防护设备和报警装置，保证接触放射线的工作人员佩戴个人剂量计。

对职业病防护设备、应急救援设施和个人使用的职业病防护用品，用人单位应当进行经常性的维护、检修，定期检测其性能和效果，确保其处于正常状态，不得擅自拆除或者停止使用。

第三十六条　对从事接触职业病危害的作业的劳动者，用人单位应当按照国务院安全生产监督管理部门、卫生行政部门的规定组织上岗前、在岗期间和离岗时的职业健康检查，并将检查结果书面告知劳动者。职业健康检查费用由用人单位承担。

第四十二条　用人单位按照职业病防治要求，用于预防和治理职业病危害、工作场所卫生检测、健康监护和职业卫生培训等费用，按照国家有关规定，在生产成本中据实列支。

四、《矿山安全法》相关规定

第三条 矿山企业必须具有保障安全生产的设施，建立、健全安全管理制度，采取有效措施改善职工劳动条件，加强矿山安全管理工作，保证安全生产。

第五条 国家鼓励矿山安全科学技术研究，推广先进技术，改进安全设施，提高矿山安全生产水平。

第七条 矿山建设工程的安全设施必须和主体工程同时设计、同时施工、同时投入生产和使用。

第八条 矿山建设工程的设计文件，必须符合矿山安全规程和行业技术规范，并按照国家规定经管理矿山企业的主管部门批准；不符合矿山安全规程和行业技术规范的，不得批准。

第九条 矿山设计下列项目必须符合矿山安全规程和行业技术规范：

（一）矿井的通风系统和供风量、风质、风速；

（二）露天矿的边坡角和台阶的宽度、高度；

（三）供电系统；

（四）提升、运输系统；

（五）防水、排水系统和防火、灭火系统；

（六）防瓦斯系统和防尘系统；

（七）有关矿山安全的其他项目。

第十条 每个矿井必须有两个以上能行人的安全出口，出口之间的直线水平距离必须符合矿山安全规程和行业技术规范。

第十一条 矿山必须有与外界相通的、符合安全要求的运输和通讯设施。

第十二条 矿山建设工程必须按照管理矿山企业的主管部门批准的设计文件施工。

矿山建设工程安全设施竣工后，由管理矿山企业的主管部门验收，并须有劳动行政主管部门参加；不符合矿山安全规程和行业技术规范的，不得验收，不得投入生产。

第十三条 矿山开采必须具备保障安全生产的条件，执行开采不同矿种的矿山安全规程和行业技术规范。

第十四条 矿山设计规定保留的矿柱、岩柱，在规定的期限内，应当予以保护，不得开采或者毁坏。

第十五条 矿山使用的有特殊安全要求的设备、器材、防护用品和安全检测仪器，必须符合国家安全标准或者行业安全标准；不符合国家安全标准或者行业安全标准的，不得使用。

第十六条 矿山企业必须对机电设备及其防护装置、安全检测仪器，定期检查、维修，保证使用安全。

第十七条 矿山企业必须对作业场所中的有毒有害物质和井下空气含氧量进行检测，保证符合安全要求。

第二十条 矿山企业必须建立、健全安全生产责任制。

矿长对本企业的安全生产工作负责。

第二十六条 矿山企业必须对职工进行安全教育、培训；未经安全教育、培训的，不得上岗作业。

矿山企业安全生产的特种作业人员必须接受专门培训，经考核合格取得操作资格证书的，方可上岗作业。

第二十七条 矿长必须经过考核，具备安全专业知识，具有领导安全生产和处理矿山事故的能力。

矿山企业安全工作人员必须具备必要的安全专业知识和矿山安全工作经验。

第二十八条 矿山企业必须向职工发放保障安全生产所需的劳动防护用品。

第三十一条 矿山企业应当建立由专职或者兼职人员组成的救护和医疗急救组织，配备必要的装备、器材和药物。

第三十二条 矿山企业必须从矿产品销售额中按照国家规定提

取安全技术措施专项费用。安全技术措施专项费用必须全部用于改善矿山安全生产条件，不得挪作他用。

第三十九条　矿山事故发生后，应当尽快消除现场危险，查明事故原因，提出防范措施。现场危险消除后，方可恢复生产。

五、《工伤保险条例》相关规定

第二条　中华人民共和国境内的企业、事业单位、社会团体、民办非企业单位、基金会、律师事务所、会计师事务所等组织和有雇工的个体工商户（以下称用人单位）应当依照本条例规定参加工伤保险，为本单位全部职工或者雇工（以下称职工）缴纳工伤保险费。

第七条　工伤保险基金由用人单位缴纳的工伤保险费、工伤保险基金的利息和依法纳入工伤保险基金的其他资金构成。

第八条　工伤保险费根据以支定收、收支平衡的原则，确定费率。

国家根据不同行业的工伤风险程度确定行业的差别费率，并根据工伤保险费使用、工伤发生率等情况在每个行业内确定若干费率档次。行业差别费率及行业内费率档次由国务院社会保险行政部门制定，报国务院批准后公布施行。

统筹地区经办机构根据用人单位工伤保险费使用、工伤发生率等情况，适用所属行业内相应的费率档次确定单位缴费费率。

第九条　国务院社会保险行政部门应当定期了解全国各统筹地区工伤保险基金收支情况，及时提出调整行业差别费率及行业内费率档次的方案，报国务院批准后公布施行。

第十条　用人单位应当按时缴纳工伤保险费。职工个人不缴纳工伤保险费。

用人单位缴纳工伤保险费的数额为本单位职工工资总额乘以单位缴费费率之积。

对难以按照工资总额缴纳工伤保险费的行业，其缴纳工伤保险费的具体方式，由国务院社会保险行政部门规定。

第十一条　工伤保险基金逐步实行省级统筹。

跨地区、生产流动性较大的行业，可以采取相对集中的方式异地参加统筹地区的工伤保险。具体办法由国务院社会保险行政部门会同有关行业的主管部门制定。

第十二条　工伤保险基金存入社会保障基金财政专户，用于本条例规定的工伤保险待遇，劳动能力鉴定，工伤预防的宣传、培训等费用，以及法律、法规规定的用于工伤保险的其他费用的支付。

工伤预防费用的提取比例、使用和管理的具体办法，由国务院社会保险行政部门会同国务院财政、卫生行政、安全生产监督管理等部门规定。

任何单位或者个人不得将工伤保险基金用于投资运营、兴建或者改建办公场所、发放奖金，或者挪作其他用途。

第十三条　工伤保险基金应当留有一定比例的储备金，用于统筹地区重大事故的工伤保险待遇支付；储备金不足支付的，由统筹地区的人民政府垫付。储备金占基金总额的具体比例和储备金的使用办法，由省、自治区、直辖市人民政府规定。

第三十三条　职工因工作遭受事故伤害或者患职业病需要暂停工作接受工伤医疗的，在停工留薪期内，原工资福利待遇不变，由所在单位按月支付。

停工留薪期一般不超过12个月。伤情严重或者情况特殊，经设区的市级劳动能力鉴定委员会确认，可以适当延长，但延长不得超过12个月。工伤职工评定伤残等级后，停发原待遇，按照本章的有关规定享受伤残待遇。工伤职工在停工留薪期满后仍需治疗的，继续享受工伤医疗待遇。

生活不能自理的工伤职工在停工留薪期需要护理的，由所在单位负责。

六、《国务院关于进一步加强企业安全生产工作的通知》相关规定

5. 强化生产过程管理的领导责任。企业主要负责人和领导班子成员要轮流现场带班。煤矿、非煤矿山要有矿领导带班并与工人同时下井、同时升井，对无企业负责人带班下井或该带班而未带班的，对有关责任人按擅离职守处理，同时给予规定上限的经济处罚。发生事故而没有领导现场带班的，对企业给予规定上限的经济处罚，并依法从重追究企业主要负责人的责任。

6. 强化职工安全培训。企业主要负责人和安全生产管理人员、特殊工种人员一律严格考核，按国家有关规定持职业资格证书上岗；职工必须全部经过培训合格后上岗。企业用工要严格依照劳动合同法与职工签订劳动合同。凡存在不经培训上岗、无证上岗的企业，依法停产整顿。没有对井下作业人员进行安全培训教育，或存在特种作业人员无证上岗的企业，情节严重的要依法予以关闭。

8. 加强企业生产技术管理。强化企业技术管理机构的安全职能，按规定配备安全技术人员，切实落实企业负责人安全生产技术管理负责制，强化企业主要技术负责人技术决策和指挥权。因安全生产技术问题不解决产生重大隐患的，要对企业主要负责人、主要技术负责人和有关人员给予处罚；发生事故的，依法追究责任。

9. 强制推行先进适用的技术装备。煤矿、非煤矿山要制定和实施生产技术装备标准，安装监测监控系统、井下人员定位系统、紧急避险系统、压风自救系统、供水施救系统和通信联络系统等技术装备，并于3年之内完成。逾期未安装的，依法暂扣安全生产许可证、生产许可证。运输危险化学品、烟花爆竹、民用爆炸物品的道路专用车辆，旅游包车和三类以上的班线客车要安装使用具有行驶记录功能的卫星定位装置，于2年之内全部完成；鼓励有条件的渔船安装防撞自动识别系统，在大型尾矿库安装全过程在线监控系统，

大型起重机械要安装安全监控管理系统；积极推进信息化建设，努力提高企业安全防护水平。

10. 加快安全生产技术研发。企业在年度财务预算中必须确定必要的安全投入。国家鼓励企业开展安全科技研发，加快安全生产关键技术装备的换代升级。进一步落实《国家中长期科学和技术发展规划纲要（2006—2020年）》等，加大对高危行业安全技术、装备、工艺和产品研发的支持力度，引导高危行业提高机械化、自动化生产水平，合理确定生产一线用工。“十二五”期间要继续组织研发一批提升我国重点行业领域安全生产保障能力的关键技术和装备项目。

13. 加强建设项目安全管理。强化项目安全设施核准审批，加强建设项目的日常安全监管，严格落实审批、监管的责任。企业新建、改建、扩建工程项目的安全设施，要包括安全监控设施和防瓦斯等有害气体、防尘、排水、防火、防爆等设施，并与主体工程同时设计、同时施工、同时投入生产和使用。安全设施与建设项目主体工程未做到同时设计的一律不予审批，未做到同时施工的责令立即停止施工，未同时投入使用的不得颁发安全生产许可证，并视情节追究有关单位负责人的责任。严格落实建设、设计、施工、监理、监管等各方安全责任。对项目建设生产经营单位存在违法分包、转包等行为的，立即依法停工停产整顿，并追究项目业主、承包方等各方责任。

21. 制定促进安全技术装备发展的产业政策。要鼓励和引导企业研发、采用先进适用的安全技术和产品，鼓励安全生产适用技术和新装备、新工艺、新标准的推广应用。把安全检测监控、安全避险、安全保护、个人防护、灾害监控、特种安全设施及应急救援等安全生产专用设备的研发制造，作为安全产业加以培育，纳入国家振兴装备制造业的政策支持范畴。大力发展安全装备融资租赁业务，促进高危行业企业加快提升安全装备水平。

22. 加大安全专项投入。切实做好尾矿库治理、扶持煤矿安全技改建设、瓦斯防治和小煤矿整顿关闭等各类中央资金的安排使用，落实地方和企业配套资金。加强对高危行业企业安全生产费用提取和使用管理的监督检查，进一步完善高危行业企业安全生产费用财务管理制度，研究提高安全生产费用提取下限标准，适当扩大适用范围。依法加强道路交通事故社会救助基金制度建设，加快建立完善水上搜救奖励与补偿机制。高危行业企业探索实行全员安全风险抵押金制度。完善落实工伤保险制度，积极稳妥推行安全生产责任保险制度。

23. 提高工伤事故死亡职工一次性赔偿标准。从2011年1月1日起，依照《工伤保险条例》的规定，对因生产安全事故造成的职工死亡，其一次性工亡补助金标准调整为按全国上一年度城镇居民人均可支配收入的20倍计算，发放给工亡职工近亲属。同时，依法确保工亡职工一次性丧葬补助金、供养亲属抚恤金的发放。

25. 制定落实安全生产规划。各地区、各有关部门要把安全生产纳入经济社会发展的总体布局，在制定国家、地区发展规划时，要同步明确安全生产目标和专项规划。企业要把安全生产工作的各项要求落实在企业发展和日常工作之中，在制定企业发展规划和年度生产经营计划中要突出安全生产，确保安全投入和各项安全措施到位。

26. 强制淘汰落后技术产品。不符合有关安全标准、安全性能低下、职业危害严重、危及安全生产的落后技术、工艺和装备要列入国家产业结构调整指导目录，予以强制性淘汰。各省级人民政府也要制订本地区相应的目录和措施，支持有效消除重大安全隐患的技术改造和搬迁项目，遏制安全水平低、保障能力差的项目建设和延续。对存在落后技术装备、构成重大安全隐患的企业，要予以公布，责令限期整改，逾期未整改的依法予以关闭。

七、《国务院办公厅关于进一步加强安全生产工作的通知》相关规定

一、切实加强领导，狠抓安全生产责任落实

各地区、各部门、各单位要以对人民生命安全高度负责的精神，把安全生产纳入重要议事日程，进一步加强组织领导。主要领导要亲自抓，认真研究解决本地区、本部门、本单位安全生产方面存在的突出问题，组织制订和落实安全防范措施。建立严格的安全生产责任制，切实把责任落实到每一个单位、每一个岗位、每一个员工。严格安全生产情况的考核，把安全生产工作作为对各地区、各部门、各单位及各级领导干部政绩业绩考核的重要内容。严肃责任追究，对于责任不落实、推诿扯皮、玩忽职守造成事故的，要依纪依法严肃处理。

七、狠抓综合治理，构建安全生产长效机制

要加大治本力度，充分运用财税政策、市场调节和保险机制等经济手段，强化对安全生产的激励约束；加快法制建设，落实安全生产各项法律法规和规章制度，把安全生产纳入法制化轨道；加快科研攻关和技术改造步伐，提高安全生产的科技保障水平；加强专业人才培养和安全知识普及，特别要抓好特殊工种和农民工的安全技能培训；强化安全生产基层基础工作，建立健全安全生产规章、规程、制度和标准，大力提高企业安全管理水平；加强安全教育和宣传舆论工作，组织广大职工群众积极开展打击非法建设、生产、经营，反对违章指挥、违章作业、违反劳动纪律，整治生产企业超能力、超强度、超定员以及运输企业超载、超限、超负荷等活动，形成全社会重视、支持和参与安全生产的良好氛围。

八、从严执法，提高监管监察效能

各级安全监管监察部门和行业主管部门要完善体制机制，强化监管职责，加强督促检查。要更加注重对日常生产过程的安全监察，

做到关口前移、重心下移。对不具备安全生产条件的企业或单位，坚决责令停产或予以关闭；对严重违反规定即使没有发生伤亡事故的，也要追究责任；对发生的每一起事故，要按照事故原因未查清不放过、责任人员未处理不放过、整改措施未落实不放过、有关人员未受到教育不放过的“四不放过”原则，严格事故查处，及时公布处理结果。要加大对事故频发、隐患突出的地区和单位的监督检查力度，发现重大问题要及时通报有关地方政府，并跟踪督导，确保实效。要做到严格执法、廉洁执法、公正执法，自觉接受舆论监督和社会监督。

八、《煤炭生产安全费用提取和使用管理办法》

第一条　为建立煤矿安全生产设施长效投入机制，我国境内所有煤炭生产企业（以下简称企业）建立提取煤炭生产安全费用（以下简称安全费用）制度。为加强对安全费用的管理，特制定本办法。

第二条　本办法所称安全费用，是指企业按原煤实际产量从成本中提取，专门用于煤矿安全生产设施投入的资金。

第三条　企业按下列标准，在成本中按月提取安全费用。

（一）大中型煤矿

1. 高瓦斯、煤与瓦斯突出、自然发火严重和涌水量大的矿井吨煤 3～8 元；

2. 低瓦斯矿井吨煤 2～5 元；

3. 露天矿吨煤 2～3 元。

（二）小型煤矿

1. 高瓦斯、煤与瓦斯突出、自然发火严重和涌水量大的矿井吨煤 10 元；

2. 低瓦斯矿井吨煤 6 元。

有关企业分类标准，按现行国家煤炭工业矿井设计规范标准执行；有关高、低瓦斯矿井和煤与瓦斯突出矿井的界定，按现行《煤矿安全规程》的规定执行。

本办法下发前，企业若已执行经省级（含省级）以上政府部门制定的安全费用提取标准，与本办法相对照，按孰高原则执行，并按规定程序备案。

第四条　企业在上述标准和规定的浮动范围内自行确定安全费用提取标准，报当地主管税务机关、煤炭管理部门和煤矿安全监察机构备案。安全费用提取标准一经确定，不得随意改动。确需变动的，经报主管税务机关、煤炭管理部门和煤矿安全监察机构备案后，从下一年度开始执行新的提取标准。

第五条　安全费用在本办法规定的范围内由企业自行安排使用，专户存储，专款专用。年度结余资金允许结转下年度使用。

第六条　安全费用具体使用范围是：

（一）矿井主要通风设备的更新改造支出；

（二）完善和改造矿井瓦斯监测系统与抽放系统支出；

（三）完善和改造矿井综合防治煤与瓦斯突出支出；

（四）完善和改造矿井防灭火支出；

（五）完善和改造矿井防治水支出；

（六）完善和改造矿井机电设备的安全防护设备设施支出；

（七）完善和改造矿井供配电系统的安全防护设备设施支出；

（八）完善和改造矿井运输（提升）系统的安全防护设备设施支出；

（九）完善和改造矿井综合防尘系统支出；

（十）其他与煤矿安全生产直接相关的支出。

第七条　企业提取的安全费用在缴纳企业所得税前列支。

第八条　有关安全费用的会计核算问题，按国家统一会计制度处理。

第九条　企业要切实加强安全费用提取和使用管理。应制定年度使用计划，并纳入企业全面预算。年度终了，企业应将安全费用提取和使用情况报当地主管财政、税务、审计机关、煤炭管理部门和煤矿安全监察机构备案，接受监督。对不按本办法提取和使用安全费用的企业，有关部门应责令其限期整改，并按有关法律和行政法规的规定予以处罚。

第十条　本办法自印发之日起执行。

九、《关于规范煤矿维简费管理问题的若干规定》

第一条　为进一步规范煤矿维持简单再生产费用（以下简称煤矿维简费）管理，完善煤矿维持简单再生产投入机制，特制定本规定。

第二条　本规定所称煤矿维简费，是指我国境内所有煤炭生产企业（以下简称企业）从成本中提取，专项用于维持简单再生产的资金。鉴于原在煤矿维简费中用于安全投入的支出项目已经独立出来，单独提取煤炭生产安全费用（管理办法见本文附件1，略），因此，本规定所称煤矿维简费不包括安全费用，但包括井巷费用。

第三条　企业根据原煤实际产量，每月按下列标准在成本中提取煤矿维简费：

（一）河北、山西、山东、安徽、江苏、河南、宁夏、新疆、云南等省（区）煤矿，吨煤8～50元；

（二）黑龙江、吉林、辽宁等省煤矿，吨煤8～70元；

（三）内蒙古自治区煤矿，吨煤9～50元；

（四）其他省（区、市）煤矿，吨煤10～50元。

本规定下发前，企业原执行的经省级（含省级）以上政府部门制定的煤矿维简费提取标准，与本规定相对照，按孰高原则执行，并按规定程序备案。

第四条　煤矿维简费由煤炭企业按规定标准提取，自行安排使用。煤矿维简费提取和使用，应坚持先提后用、量入为出的原则，专款专用，专项核算。

煤矿维简费年度结余资金允许结转下年度使用。

第五条　煤矿维简费，主要用于煤矿生产正常接续的开拓延深、技术改造等，以确保矿井持续稳定和安全生产，提高效率。具体使用范围是：

（一）矿井（露天）开拓延深工程；

（二）矿井（露天）技术改造；

（三）煤矿固定资产更新、改造和固定资产零星购置；

（四）矿区生产补充勘探；

（五）综合利用和“三废”治理支出；

（六）大型煤矿一次拆迁民房50户以上的费用和中小煤矿采动范围的搬迁赔偿；

（七）矿井新技术的推广；

（八）小型矿井的改造联合工程。

第六条　有关煤矿维简费的会计核算问题，按国家统一会计制度处理。

第七条　任何单位和部门不得强制集中企业提取的维简费。

第八条　本规定自印发之日起执行。

第九条　本规定未及事项仍按以前国家所发有关维简费的规定和办法执行。

十、《关于调整煤炭生产安全费用提取标准　加强煤炭生产安全费用使用管理与监督的通知》

为进一步加大煤炭生产企业对安全生产设施的投入，现对财政部、国家发展改革委、国家煤矿安全监察局《关于印发〈煤炭生产安全费用提取和使用管理办法〉和〈关于规范煤矿维简费管理问题的若干规定〉的通知》（财建［2004］119号）中涉及煤炭生产安全费用（以下简称“安全费用”）提取标准和使用管理等方面的内容进行调整和完善。具体通知如下：

一、调整安全费用提取标准

（一）大中型煤矿

1. 高瓦斯、煤与瓦斯突出、自然发火严重和涌水量大的矿井吨煤不低于 8 元，其中：45 户重点监控煤炭生产企业吨煤不低于 15 元（名单略）；

2. 低瓦斯矿井吨煤不低于 5 元；

3. 露天矿吨煤不低于 3 元。

（二）小型煤矿

1. 高瓦斯、煤与瓦斯突出、自然发火严重和涌水量大的矿井吨煤不低于 10 元；

2. 低瓦斯矿井吨煤不低于 6 元。

煤炭生产企业应在上述标准的基础上，根据安全生产实际需要，科学合理地确定安全费用具体提取标准，并报当地主管税务机关、财政部门、煤炭行业管理部门、煤矿安全监管机构和各级煤矿安全监察机构备案。

安全费用提取标准一经确定，煤炭生产企业不得随意改动。确需变动的，经报当地主管税务机关、财政部门、煤炭行业管理部门、煤矿安全监管机构和各级煤矿安全监察机构备案后，从下一年度开始实施。

二、任何部门和单位不得以任何形式集中煤炭生产企业提取的安全费用。

三、完善安全费用提取和使用的监管措施。

煤炭生产企业必须按照已经确定的标准及时、足额提取安全费用，并按规定用途全部用于煤矿安全生产方面的支出。

各级煤矿安全监察机构及地方政府有关部门特别是煤矿安全监管机构，要严格按照有关规定，采取科学、有效的措施加大对煤炭生产企业提取和使用安全费用相关情况的监督检查，充分发挥此项资金的使用效益。

四、本通知未涉及事宜，仍按照财政部、国家发展改革委、国家煤矿安全监察局《关于印发〈煤炭生产安全费用提取和使用管理办法〉和〈关于规范煤矿维简费管理问题的若干规定〉的通知》（财建［2004］119号）执行。

五、本通知自2005年4月1日起执行。

十一、《烟花爆竹生产企业安全费用提取与使用管理办法》

第一条　为了保证烟花爆竹生产企业安全生产所需资金投入，形成安全生产设施的长效投入机制，建立烟花爆竹生产企业安全费用提取制度，根据《国务院关于进一步加强安全生产工作的决定》（国发［2004］2号），制定本办法。

第二条　本办法适用于烟花爆竹生产企业（以下简称企业）。

本办法所称烟花爆竹，是指烟花爆竹制品和用于生产烟花爆竹的民用黑火药、烟火药、引火线等物品。

第三条　本办法所称烟花爆竹生产企业安全费用（以下简称安全费用），是指企业按照年度销售收入提取，列入成本，专门用于安全生产投入的资金。

第四条　安全费用按年计算，分月提取。具体提取标准是：

（一）当年销售收入在200万元（含200万元）以下的按3.5％提取；

（二）当年销售收入超过200万元至500万元（含500万元）的部分按3％提取；

（三）当年销售收入超过500万元至1 000万元（含1 000万元）的部分按2.5％提取；

（四）当年销售收入超过1 000万元以上的部分按2％提取。

第五条　安全费用由企业自行提取，专户核算。年度结余资金结转下年继续使用。

第六条　安全费用使用范围包括：

（一）安全设施完善和改造支出；

（二）防爆机械电气设备配备和完善以及仪器检验检测支出；

（三）设施设备及危险源监控支出；

（四）与企业安全生产直接相关的其他支出。

第七条 企业提取安全费用的税务处理办法由财政部、国家税务总局另行制定。具体会计核算问题，按照国家统一会计制度处理。

第八条 任何部门和单位不得以任何形式集中企业提取的安全费用。

第九条 企业应当按照本办法规定的提取标准足额提取安全费用，并根据本办法规定的使用范围制定年度使用计划，纳入企业预算管理。

每一年度终了，企业应当将安全费用提取和使用情况报当地主管安全生产监督管理、财政、税务部门备案，接受监督。

第十条 对于不按照本办法提取和使用安全费用的企业，有关部门应当责令其限期整改，并按照有关法律法规的规定予以处罚。

第十一条 各省（自治区、直辖市）安全生产监督管理部门及同级财政部门可以结合本地区企业实际情况，根据本办法制定相应的实施办法。

第十二条 本办法自2006年5月1日起施行。

十二、《高危行业企业安全生产费用财务管理暂行办法》

第一章 总 则

第一条 为了建立高危行业企业安全生产投入长效机制，加强企业安全生产费用财务管理，维护企业、职工以及社会公共利益，根据有关法律和国务院有关决定，制定本办法。

第二条 在中华人民共和国境内从事矿山开采、建筑施工、危险品生产以及道路交通运输的企业以及其他经济组织（以下简称企业）适用本办法。

国家对煤炭开采企业和烟花爆竹生产企业另有规定的，从其规定。地热、温泉、矿泉水、卤盐开采矿山和河道采砂、采金船作业、小型砖瓦黏土矿等危险性较小的非煤矿山，不适用本办法。

第三条 企业应当建立安全生产费用管理制度。

安全生产费用（以下简称安全费用）是指企业按照规定标准提取，在成本中列支，专门用于完善和改进企业安全生产条件的资金。

第四条 安全费用按照“企业提取、政府监管、确保需要、规范使用”的原则进行财务管理。

第五条 本办法下列用语的含义是：

矿山开采是指石油和天然气、金属矿、非金属矿及其他矿产资源的勘探和生产、闭坑及有关活动。

建筑施工是指土木工程、建筑工程、井巷工程、线路管道和设备安装及装修工程的新建、扩建、改建以及矿山建设。

危险品是指列入国家标准《危险货物品名表》（GB 12268）和国家有关部门确定并公布的《剧毒化学品目录》的物品，包括军工生产危险品和民用爆炸物品等。

道路交通运输是指以机动车为交通工具的旅客和货物运输。

第二章 安全费用的提取标准

第六条 矿山企业安全费用依据开采的原矿产量按月提取。各类矿山原矿单位产量安全费用提取标准如下：

（一）石油，每吨原油 17 元；

（二）天然气，每千立方米原气 5 元；

（三）金属矿山，其中露天矿山每吨 4 元，井下矿山每吨 8 元；

（四）核工业矿山，每吨 22 元；

（五）非金属矿山，其中露天矿山每吨（立方米）1 元，井下矿山每吨（立方米）2 元；

（六）小型露天采石场，即年采剥总量 50 万吨以下，且最大开采高度不超过 50 米，产品用于建筑、铺路的山坡型露天采石场，每吨 0.5 元。

原矿产量不含金属、非金属矿山尾矿库和废石场中用于综合利用的尾砂和低品位矿石。

第七条　煤系及与煤共（伴）生的金属非金属矿山、水体下开采矿山、有自然发火可能性的矿山、在需要保护的建（构）筑物和铁路下面开采的矿山，以及其他对安全生产有特殊要求的矿山，经省级安全生产监督管理局会同财政厅（局）核准后，可以在本办法第六条规定的基础上提高提取标准，但增加的提取标准不得超过原提取标准的 50%。

第八条　建筑施工企业以建筑安装工程造价为计提依据。各工程类别安全费用提取标准如下：

（一）房屋建筑工程、矿山工程为 2.0%；

（二）电力工程、水利水电工程、铁路工程为 1.5%；

（三）市政公用工程、冶炼工程、机电安装工程、化工石油工程、港口与航道工程、公路工程、通信工程为 1.0%。

建筑施工企业提取的安全费用列入工程造价，在竞标时，不得删减。国家对基本建设投资概算另有规定的，从其规定。

总包单位应当将安全费用按比例直接支付分包单位，分包单位不再重复提取。

第九条　危险品生产企业以本年度实际销售收入为计提依据，采取超额累退方式按照以下标准逐月提取：

（一）全年实际销售收入在 1 000 万元（含）以下的，按照 4% 提取；

（二）全年实际销售收入在 1 000 万元至 10 000 万元（含）的部分，按照 2%提取；

（三）全年实际销售收入在 10 000 万元至 100 000 万元（含）的部分，按照 0.5%提取；

（四）全年实际销售收入在 100 000 万元以上的部分，按照

0.2%提取。

第十条　道路交通运输企业以营业收入为计提依据，按照以下标准逐月提取：

（一）客运业务按照0.5%提取；

（二）普通货运业务按照1%提取；

（三）危险品等特殊货运业务按照1.5%提取。

第十一条　中小型企业和大型企业上年末安全费用专户结余分别达到本企业上年度销售收入的5%和2%时，经当地县级以上安全生产监督管理部门商财政部门同意，企业本年度可以缓提或少提安全费用。

企业规模划分标准按照原国家经贸委、原国家计委、财政部、国家统计局《关于印发中小企业标准暂行规定的通知》（国经贸中小企［2003］143号）和国家统计局《统计上大中小型企业划分办法（暂行）》（国统字［2003］17号）规定执行。

第十二条　本办法公布前，各省级政府已制定下发企业安全费用提取使用办法的，其提取标准如果低于本办法规定的标准，应当按照本办法进行调整；如果高于本办法规定的标准，按照原标准执行。

第三章　安全费用的使用和管理

第十三条　安全费用应当按照以下规定范围使用。

（一）完善、改造和维护安全防护设备、设施支出，其中：

1. 矿山企业安全设备设施是指矿山综合防尘、地质监控、防灭火、防治水、危险气体监测、通风系统，支护及防治边帮滑坡设备、机电设备、供配电系统、运输（提升）系统以及尾矿库（坝）等；

2. 危险品生产企业安全设备设施是指车间、库房等作业场所的监控、监测、通风、防晒、调温、防火、灭火、防爆、泄压、防毒、消毒、中和、防潮、防雷、防静电、防腐、防渗漏、防护围堤或者隔离操作等设施设备；

3. 道路交通运输企业安全设备设施是指运输工具安全状况检测及维护系统、运输工具附属安全设备等。

（二）配备必要的应急救援器材、设备和现场作业人员安全防护物品支出。

（三）安全生产检查与评价支出。

（四）重大危险源、重大事故隐患的评估、整改、监控支出。

（五）安全技能培训及进行应急救援演练支出。

（六）其他与安全生产直接相关的支出。

第十四条　在本办法规定的使用范围内，企业应当将安全费用优先用于满足安全生产监督管理部门对企业安全生产提出的整改措施或达到安全生产标准所需支出。

第十五条　企业提取安全费用应当专户核算，按规定范围安排使用。年度结余结转下年度使用，当年计提安全费用不足的，超出部分按正常成本费用渠道列支。

集团公司经过履行内部决策程序，可以对所属企业提取的安全费用按照一定比例集中管理，统筹使用。

第十六条　企业应当建立健全内部安全费用管理制度，明确安全费用使用、管理的程序、职责及权限，接受安全生产监督管理部门和财政部门的监督。

第十七条　企业利用安全费用形成的资产，应当纳入相关资产进行管理。

第十八条　企业应当为从事高空、高压、易燃、易爆、剧毒、放射性、高速运输、野外、矿井等高危作业的人员办理团体人身意外伤害保险或个人意外伤害保险。所需保险费用直接列入成本（费用），不在安全费用中列支。

企业为职工提供的职业病防治、工伤保险、医疗保险所需费用，不在安全费用中列支。

第十九条　矿山企业已提取维持简单再生产费用的，应当继续提取维持简单再生产费用，但其使用范围不再包含安全生产方面的用途。

第二十条　危险品生产企业转产、停产、停业或者解散的，应将安全费用结余用于处理转产、停产、停业或者解散前危险品生产或储存的设备、库存产品及生产原料所需支出。

第二十一条　企业由于产权转让、公司制改建等变更股权结构或者组织形式的，其结余的安全费用应当继续按照本办法管理使用。

企业调整业务、终止经营或者依法清算，其结余的安全费用应当结转本期收益或者清算收益。

第四章　财务监督

第二十二条　企业应当及时、足额提取安全费用，并按规定使用。在年度财务会计报告中，企业应当披露安全费用提取和使用的具体情况。

第二十三条　财政部门、安全生产监督管理部门对企业安全费用提取、管理、使用进行监督检查。

第二十四条　企业未按本办法提取和使用安全费用的，安全生产监督管理部门应当会同财政部门责令其限期改正、予以警告。逾期不改正的，由安全生产监督管理部门按照相关法规进行处理。

第五章　附　　则

第二十五条　企业安全费用的会计处理，应当符合国家统一的会计制度的规定。

第二十六条　各省、自治区、直辖市财政部门和安全生产监督管理部门可以结合本地区实际情况，制订具体实施办法，并报财政部、国家安全生产监督管理总局备案。

第二十七条　本办法由财政部、国家安全生产监督管理总局负责解释。

第二十八条　本办法自 2007 年 1 月 1 日起施行。

十三、《企业安全生产风险抵押金管理暂行办法》

第一章　总　　则

第一条　为了强化企业安全生产意识，落实安全生产责任，规范安全生产风险抵押金的管理，保证生产安全事故抢险、救灾工作的顺利进行，根据《国务院关于进一步加强安全生产工作的决定》（国发［2004］2号），制定本办法。

第二条　本办法所称企业，是指矿山（煤矿除外）、交通运输、建筑施工、危险化学品、烟花爆竹等行业或领域从事生产经营活动的企业。

本办法所称安全生产风险抵押金（以下简称风险抵押金），是指企业以其法人或合伙人名义将本企业资金专户存储，用于本企业生产安全事故抢险、救灾和善后处理的专项资金。

第二章　风险抵押金的存储

第三条　各省、自治区、直辖市、计划单列市安全生产监督管理部门（以下简称省级安全生产监督管理部门）及同级财政部门按照以下标准，结合企业正常生产经营期间的规模大小和行业特点，综合考虑产量、从业人数、销售收入等因素，确定具体存储金额：

（一）小型企业存储金额不低于人民币30万元（不含30万元）；

（二）中型企业存储金额不低于人民币100万元（不含100万元）；

（三）大型企业存储金额不低于人民币150万元（不含150万元）；

（四）特大型企业存储金额不低于人民币200万元（不含200万元）。

风险抵押金存储原则上不超过500万元。

企业规模划分标准按照国家统一规定执行。

第四条　本办法施行前，省级人民政府有关部门制定的风险抵押金存储标准高于本办法规定标准的，仍然按照原标准执行，并按照规定程序报有关部门备案。

第五条　风险抵押金按照以下规定存储：

（一）风险抵押金由企业按时足额存储。企业不得因变更企业法定代表人或合伙人、停产整顿等情况迟（缓）存、少存或不存风险抵押金，也不得以任何形式向职工摊派风险抵押金。

（二）风险抵押金存储数额由省、市、县级安全生产监督管理部门及同级财政部门核定下达。

（三）风险抵押金实行专户管理。企业到经省级安全生产监督管理部门及同级财政部门指定的风险抵押金代理银行（以下简称代理银行）开设风险抵押金专户，并于核定通知送达后 1 个月内，将风险抵押金一次性存入代理银行风险抵押金专户；企业可以在本办法规定的风险抵押金使用范围内，按国家关于现金管理的规定通过该账户支取现金。

（四）风险抵押金专户资金的具体监管办法，由省级安全监管部门及同级财政部门共同制定。

第六条　跨省（自治区、直辖市、计划单列市）、市、县（区）经营的建筑施工企业和交通运输企业，在企业注册地已缴纳风险抵押金并能出示有效证明的，不再另外存储风险抵押金。

第三章　风险抵押金的使用

第七条　企业风险抵押金的使用范围为：

（一）为处理本企业生产安全事故而直接发生的抢险、救灾费用支出；

（二）为处理本企业生产安全事故善后事宜而直接发生的费用支出。

第八条　企业发生生产安全事故后产生的抢险、救灾及善后处理费用，全部由企业负担，原则上应当由企业先行支付，确实需要动用风险抵押金专户资金的，经安全生产监督管理部门及同级财政部门批准，由代理银行具体办理有关手续。

第九条　发生下列情形之一的，省、市、县级安全生产监督管理部门及同级财政部门可以根据企业生产安全事故抢险、救灾及善后处理工作需要，将风险抵押金部分或者全部转作事故抢险、救灾和善后处理所需资金：

（一）企业负责人在生产安全事故发生后逃逸的；

（二）企业在生产安全事故发生后，未在规定时间内主动承担责任，支付抢险、救灾及善后处理费用的。

第四章　风险抵押金的管理

第十条　风险抵押金实行分级管理，由省、市、县级安全生产监督管理部门及同级财政部门按照属地原则共同负责。

中央管理企业的风险抵押金，由所在地省级安全生产监督管理部门及同级财政部门确定后报国家安全生产监督管理总局及财政部备案。

第十一条　企业持续生产经营期间，当年未发生生产安全事故、没有动用风险抵押金的，风险抵押金自然结转，下年不再增加存储。当年发生生产安全事故、动用风险抵押金的，省、市、县级安全生产监督管理部门及同级财政部门应当重新核定企业应存储的风险抵押金数额，并及时告知企业；企业在核定通知送达后1个月内按规定标准将风险抵押金补齐。

第十二条　企业生产经营规模如发生较大变化，省、市、县级安全生产监督管理部门及同级财政部门应当于下年度第一季度结束前调整其风险抵押金存储数额，并按照调整后的差额通知企业补存（退还）风险抵押金。

第十三条　企业依法关闭、破产或者转入其他行业的，在企业提出申请，并经过省、市、县级安全生产监督管理部门及同级财政部门核准后，企业可以按照国家有关规定自主支配其风险抵押金专户结存资金。

企业实施产权转让或者公司制改建的，其存储的风险抵押金仍按照本办法管理和使用。

第十四条　风险抵押金实际支出时适用的税务处理办法由财政部、国家税务总局另行制定。具体会计核算问题，按照国家统一会计制度处理。

第十五条　每年年度终了后 3 个月内，省级安全生产监督管理部门及同级财政部门应当将上年度本地区风险抵押金存储、使用、管理有关情况报国家安全生产监督管理总局及财政部备案。

第十六条　风险抵押金应当专款专用，不得挪用。安全生产监督管理部门、同级财政部门及其工作人员有挪用风险抵押金等违反本办法及国家有关法律、法规行为的，依照国家有关规定进行处理。

第五章　附　　则

第十七条　省级安全生产监督管理部门及同级财政部门可以根据本办法制定具体实施办法。

第十八条　不属于本办法第二条第一款规定范围的企业集团，其内部分公司、车间属于规定范围的，参照本办法执行。

第十九条　本办法由财政部、国家安全生产监督管理总局、中国人民银行负责解释。

第二十条　煤矿企业按照《财政部、国家安全生产监督管理总局关于印发〈煤矿企业安全生产风险抵押金管理暂行办法〉的通知》（财建［2005］918 号）相关规定执行。

第二十一条　本办法自 2006 年 8 月 1 日起施行。

十四、《煤矿企业安全生产风险抵押金管理暂行办法》

第一章　总　　则

第一条　为了强化煤矿企业安全生产意识，落实安全生产责任，规范煤矿企业安全生产风险抵押金的管理，保证煤矿生产安全事故抢险、救灾工作的顺利进行，根据《国务院关于进一步加强安全生产工作的决定》(国发［2004］2号)，制定本办法。

第二条 本办法所称煤矿企业安全生产风险抵押金（以下简称风险抵押金），是指煤矿企业以其法人名义将本企业资金专户存储，用于本企业生产安全事故抢险、救灾和善后处理的专项资金。

第三条 本办法适用于我国境内所有煤矿企业，包括集团公司、总公司、矿务局、煤矿等。

第二章 风险抵押金的存储

第四条 按照煤矿企业核定（设计）或者采矿许可证确定的生产能力，风险抵押金按以下标准存储：

（一）3万吨以下（含3万吨）存储60万～100万元；

（二）3万吨以上至9万吨（含9万吨）存储150万～200万元；

（三）9万吨以上至15万吨（含15万吨）存储250万～300万元；

（四）15万吨以上，以300万元为基数，每增加10万吨增加50万元。

风险抵押金累计达到600万元时不再存储。

第五条 各省、自治区、直辖市人民政府安全生产监督管理部门（以下简称省级安全生产监督管理部门）及同级财政部门根据煤矿企业正常生产经营期间的规模产量和安全程度评估等有关因素，在相应分档区间内确定风险抵押金具体存储数额。

本办法颁发前，省级人民政府有关部门制定的风险抵押金存储标准高于本办法第四条规定标准上限的，仍按照原标准执行，并按规定程序报有关部门备案。

第六条 风险抵押金按以下规定存储：

（一）风险抵押金由煤矿企业按时足额存储。煤矿企业不得因变更企业法定代表人、停产整顿等情况迟（缓）存、少存或不存风险抵押金，也不得以任何形式向职工摊派风险抵押金。

（二）风险抵押金存储数额由省、市、县级安全生产监督管理部门及同级财政部门核定下达。

（三）风险抵押金实行专户管理。煤矿企业到经省级安全生产监督管理部门及同级财政部门指定的风险抵押金代理银行（以下简称代理银行）开设风险抵押金专户，并于核定通知送达后1个月内，将风险抵押金一次性存入代理银行风险抵押金专户。

（四）风险抵押金专户资金的具体监管办法，由省级安全生产监督管理部门及同级财政部门商代理银行制定。

第三章　风险抵押金的使用

第七条　风险抵押金的使用范围为：

（一）煤矿企业为处理本企业生产安全事故而直接发生的抢险、救灾费用支出；

（二）煤矿企业为处理本企业生产安全事故善后事宜而直接发生的费用支出。

煤矿企业发生生产安全事故后产生的抢险、救灾及善后处理费用，原则上应由煤矿企业先行支付。确需动用风险抵押金专户资金的，经安全生产监督管理部门及同级财政部门批准，由煤矿企业到代理银行具体办理有关手续。

第八条　发生下列情形之一的，省、市、县级安全生产监督管理部门及同级财政部门可以根据煤矿企业生产安全事故抢险、救灾及善后处理工作需要，将风险抵押金部分或者全部转作事故抢险、救灾和善后处理所需资金：

（一）煤矿企业负责人在生产安全事故发生后逃逸的；

（二）煤矿企业生产安全事故发生后，在规定时间内未主动承担责任，支付抢险、救灾及善后处理费用的。

第四章　风险抵押金的管理

第九条　风险抵押金实行分级管理，由省、市、县级安全生产监督管理部门及同级财政部门共同负责。中央管理煤矿企业的风险抵押金，按照属地原则管理，由所在地省级安全生产监督管理部门及同级财政部门确定后报国家安全生产监督管理总局及财政部备案。

第十条 煤矿企业持续生产经营期间，当年未发生生产安全事故、没有动用风险抵押金的，风险抵押金自然结转，下年不再存储。当年发生生产安全事故、动用风险抵押金的，省、市、县级安全生产监督管理部门及同级财政部门应当重新核定煤矿企业应存储的风险抵押金数额，并及时告知煤矿企业，煤矿企业在核定通知送达后1个月内按规定标准将风险抵押金补齐。

第十一条 煤矿企业生产经营规模如发生较大变化，省、市、县级安全生产监督管理部门及同级财政部门应于下年度第一季度结束前调整其风险抵押金存储数额，并按照调整后的差额通知煤矿企业补存（退还）风险抵押金。

第十二条 煤矿企业依法关闭、破产或者转为其他行业的，由企业提出申请，经省、市、县级安全生产监督管理部门及同级财政部门核准后，企业按照国家有关规定自主支配其风险抵押金专户结存资金。

第十三条 风险抵押金实际支出时计入煤矿企业成本，在缴纳企业所得税前列支。有关会计核算问题，按照国家统一会计制度处理。

第十四条 每年年度终了后3个月内，省级安全生产监督管理部门及同级财政部门将上年度本地区风险抵押金存储、使用、管理有关情况报国家安全生产监督管理总局及财政部。

第十五条 风险抵押金应当专款专用，不得挪用。安全生产监督管理部门、同级财政部门及其工作人员有挪用风险抵押金等违反本办法及国家有关法律法规行为的，依照国家有关规定进行处理。

第五章 附 则

第十六条 省级安全生产监督管理部门及同级财政部门可以根据本办法制定具体实施办法。

第十七条　非煤矿企业的内部煤矿比照本办法执行。

第十八条　本办法由财政部、国家安全生产监督管理总局负责解释。

第十九条　本办法自2006年1月1日起施行。

第四章 严抓隐患排查与治理的责任

第一节 安全生产检查

安全生产检查是指对生产过程及安全管理中可能存在的隐患、有害与危险因素、缺陷等进行查证，以确定隐患或有害与危险因素、缺陷的存在状态，以及它们转化为事故的条件，便于制定整改措施，消除隐患和有害与危险因素，确保生产安全。

安全生产检查是安全管理工作的重要内容，是消除隐患、防止事故发生、改善劳动条件的重要手段。通过安全生产检查可以发现生产经营单位生产过程中的危险因素，以便有计划地制定纠正措施，保证生产安全。

一、安全生产检查的类型

1. 定期安全生产检查

定期安全生产检查是一种有计划、有组织、有目的的检查，检查周期根据各单位实际情况确定，如每年一次、每季度一次、每月一次、每周一次等。定期检查面广、有深度，能及时发现并解决问题。

2. 经常性安全生产检查

经常性安全生产检查是采取个别的、日常的巡视方式来实现的。在施工（生产）过程中进行经常性的预防检查，能快速发现并及时消除隐患，保证施工（生产）正常进行。

3. 季节性及节假日前后安全生产检查

由各级生产单位根据季节变化，按事故发生规律对易发的潜在危险，突出重点地进行季节检查。如冬季防冻保温、防火、防煤气中毒，夏季防暑降温、防汛、防雷电等的检查。

由于节假日（特别是重大节日，如元旦、春节、劳动节、国庆节）前后容易发生事故，因而应进行有针对性的安全生产检查。

4. 专业（项）安全生产检查

专业（项）安全生产检查是针对某个专项问题或在施工（生产）过程中存在的普遍性安全问题进行的单项定性检查。

对危险较大的在用设备、设施，作业场所环境条件的管理性或监督性定量检测检验则属专业（项）安全生产检查。专业（项）安全生产检查具有较强的针对性和专业要求，用于检查难度较大的项目。通过检查，发现潜在问题，研究整改对策，及时消除隐患，进行技术改造。

5. 综合性安全生产检查

一般是由主管部门对下属各企业或生产单位进行的全面、综合性检查，必要时可组织进行系统的安全性评价。

6. 不定期的职工代表巡视安全生产检查

这是指由企业或车间工会负责人负责组织有相关专业技术特长的职工代表进行的巡视安全生产检查。重点检查国家安全生产方针、法规的贯彻执行情况，单位领导干部安全生产责任制的执行情况，工人安全生产权利的维护情况以及事故原因、隐患整改情况，并对责任者提出处理意见。此类检查可进一步强化各级领导安全生产责任制的落实，促进职工劳动保护合法权利的维护。

二、安全生产检查的内容

安全生产检查对象的确定应本着突出重点的原则，对于危险性大、易发事故、事故危害大的生产系统、部位、装置、设备等应加强检查。一般应重点检查：易造成重大损失的易燃易爆危险物品，剧毒品，锅炉，压力容器，起重、运输、冶炼设备，电气设备，冲压机械，高处作业和该企业易发生工伤、火灾、爆炸等事故的设备、工种、场所及其作业人员；造成职业中毒或职业病的尘毒点及其作业人员；直接管理重要危险点和有害点的部门及其负责人。

安全生产检查的内容包括软件系统和硬件系统，主要是查思想、查管理、查隐患、查整改、查事故处理。

目前，对于非矿山企业，国家有关规定要求强制性检查的项目有：锅炉、压力容器、压力管道、高压医用氧舱、起重机、电梯、自动扶梯、施工升降机、简易升降机、防爆电器、厂内机动车辆、客运索道、游艺机及游乐设施等，作业场所的粉尘、噪声、振动、辐射、高温、低温、有毒物质的浓度等。矿山企业要求强制性检查的项目有：矿井风量、风质、风速及井下温度、湿度、噪声，瓦斯、粉尘，矿山放射性物质及其他有毒有害物质，露天矿山边坡，尾矿坝，提升、运输、装载、通风、排水、瓦斯抽放、压缩空气和起重设备，各种防爆电器、电气安全保护装置、矿灯、钢丝绳等，瓦斯、粉尘及其他有毒有害物质检测仪器、仪表，自救器，救护设备，安全帽，防尘口罩或面罩，防护服，防护鞋，防噪声耳塞、耳罩。

三、安全生产检查的方法

1. 常规检查

常规检查是常见的一种检查方法。通常是指安全生产检查人员亲临作业现场，通过感官或辅以简单的工具、仪表等，对作业人员的行为、作业场所的环境条件、生产设备设施等进行的定性检查。安全生产检查人员通过这一手段，及时发现现场存在的安全隐患并采取相应措施予以消除，纠正作业人员的不安全行为。

这种方法完全依靠安全生产检查人员的经验和能力，检查结果直接受安全生产检查人员个人素质的影响，因此，对安全生产检查人员要求较高。

2. 安全生产检查表法

为使检查工作更加规范，使个人行为对检查结果的影响减到最小，常采用安全生产检查表法。

安全生产检查表是进行安全生产检查，发现和查明各种危险和隐患，监督各项安全生产规章制度的实施，及时发现事故隐患并制止违章行为的一种有效方法。

安全生产检查表应列举需查明的所有会导致事故发生的不安全因素。每个检查表均需注明检查时间、检查者、直接负责人等，以便分清责任。安全生产检查表的设计应做到系统、全面，检查项目应明确。

我国许多行业都编制并实施了适合该行业特点的安全生产检查标准，如建筑、火电、机械、煤炭等行业都制定了适用于该行业的安全生产检查表。企业实施安全生产检查工作，根据行业颁布的安全生产检查标准，可以结合该单位具体情况制定可操作性更强的检查表。

3. 仪器检查法

机器、设备内部缺陷及作业环境条件的真实信息或数据，只有通过仪器进行定量检验与测量，才能发现安全隐患，从而为后续整改提供准确信息。因此，必要时需要实施仪器检查。

四、安全生产检查的工作程序

安全生产检查工作一般包括以下几个步骤：

1. 安全生产检查准备

准备内容包括：

（1）确定检查对象、目的、任务。

（2）查阅和掌握有关法规、标准、规程的要求。

（3）了解检查对象的工艺流程、生产情况、可能出现的危险与危害情况。

（4）制订检查计划，安排检查内容、方法、步骤。

（5）编写安全生产检查表或检查提纲。

（6）准备必要的检测工具、仪器、书写表格或记录本。

(7) 挑选和训练检查人员，并进行必要的分工等。

2. 实施安全生产检查

实施安全生产检查就是通过访谈、查阅文件和记录、现场检查、仪器测量等方式获取信息。

(1) 访谈。通过与有关人员谈话来了解相关部门、岗位执行规章制度的情况。

(2) 查阅文件和记录。检查设计文件、作业规程、安全措施、责任制度、操作规程等是否齐全，是否有效；查阅相应记录，判断上述文件是否被执行。

(3) 现场检查。亲临作业现场查找不安全因素、事故隐患、事故征兆等。

(4) 仪器测量。利用一定的检测、检验仪器设备，对在用设施、设备、器材状况及作业环境条件等进行测量，以发现安全隐患。

3. 通过分析作出判断

掌握情况（获得信息）后，就要进行分析、判断和检验。可凭经验和技能进行分析、判断，必要时可以通过仪器检验得出正确结论。

4. 及时作出处理决定

判断后应针对存在的问题采取措施，即下达隐患整改意见和要求，包括要求进行信息反馈。

5. 实现安全生产检查工作的闭环

通过复查整改落实情况，获得整改效果信息，以实现安全生产检查工作的闭环。

五、安全生产检查表

安全生产检查表种类多、适用面广、使用方便，可根据不同的检查要求制定不同的检查表，因此，它作为一种定性安全评价方法被广泛应用。

1. 安全生产检查表的定义

为了系统地识别工厂、车间、工段或装置、设备以及各种操作管理和组织中的不安全因素，应事先将要检查的项目以提问的方式编制成表，以便进行系统检查和避免遗漏，这种表叫做安全生产检查表（SCL）。

检查表有各种形式，不论何种形式的检查表，总体要求如下：一是内容必须全面，避免遗漏主要的潜在危险；二是重点突出，简明扼要，否则检查要点太多易掩盖主要危险，分散人们的注意力，反而使评价不确切。为此，重要的检查条款可做上标记，以便认真查对。

安全生产检查表主要有以下优点：

（1）检查项目系统、完整，可以做到不遗漏任何可能导致危险的关键因素，因而能保证安全生产检查的质量。

（2）可以根据已有的规章制度、标准、规程等，检查执行情况，得出准确的评价。

（3）安全生产检查表采用提问的方式，有问有答，给人印象深刻，使人知道如何做才是正确的，因而可起到安全教育的作用。

（4）编制安全生产检查表的过程本身就是一个系统安全分析的过程，可使检查人员对系统的认识更深刻，更便于发现危险因素。

2. 安全生产检查表的分类

安全生产检查表的分类方法有多种，如按基本类型分类、按检查内容分类、按使用场合分类等。

目前，安全生产检查表有三种类型：定性检查表、半定量检查表和否决型检查表。定性检查表是列出检查要点后逐项检查，检查结果以“对”“否”表示，检查结果不能量化。半定量检查表是给每个检查要点赋值，检查结果以总分表示，有了量的概念，这样不同的检查对象也可以相互比较，但缺点是检查要点的准确赋值比较困难，而且个别十分突出的危险不能充分地表现出来。原化工部 1990

年、1991 年、1992 年发布的安全生产检查表以及中国石化、天然气总公司安全评价方法中的检查表即为此种类型。否决型检查表是给一些特别重要的检查要点做上标记，这些检查要点如果不合格，整个检查结果即视为不合格，具有一票否决的作用，这样可以做到重点突出。国家标准《光气及光气化产品生产装置安全评价通则》(GB 13548—1992) 中的检查表即属此类。

由于安全生产检查的目的、对象不同，检查的内容也有所区别，因而应根据需要制定不同的检查表，如日本消防厅的检查表侧重于事故发生后的消防活动，对安全措施进行检查；而日本劳动省的检查表则侧重于劳动灾害，对工艺过程的安全管理进行检查。原化工部 1990—1992 年发布的三个检查表侧重于安全管理；而中国石化、天然气总公司安全评价方法中的检查表除包括安全管理内容外，更多地涉及了各类生产设备的选型、材质、结构及安全附件等。

安全生产检查表按其使用场合大致可分为以下几种：

(1) 设计用安全生产检查表：主要供设计人员进行安全设计时使用，也以此作为审查设计的依据。其内容主要包括：厂址选择，平面布置，工艺流程的安全性，建筑物、安全装置、操作的安全性，危险物品的性质、储存与运输，消防设施等。

(2) 厂级安全生产检查表：供全厂安全生产检查时使用，也可供安全技术、防火部门进行日常巡视检查时使用。其内容主要包括：厂区内各种产品的工艺和装置的危险部位、主要安全装置与设施、危险物品的储存与使用、消防通道与设施、操作管理以及遵章守纪情况等。

(3) 车间用安全生产检查表：供车间进行定期安全生产检查时使用。其内容主要包括：工人安全、设备布置、通道、通风、照明、噪声、振动、安全标志、消防设施及操作管理等。

(4) 工段及岗位用安全生产检查表：主要用于自查、互查及安全教育，其内容应根据岗位的工艺与设备的防灾控制要点确定，要求内容具体易行。

（5）专业性安全生产检查表：由专业机构或职能部门编制和使用，主要用于定期专业检查或季节性检查，如对电气设备、压力容器、特殊装置与设备等进行检查的专业检查表。

3. 安全生产检查表的编制

编制安全生产检查表的主要依据是：

（1）有关标准、规程、规范及规定。为了保证安全生产，国家有关部门发布了一系列安全标准及文件，这是编制安全生产检查表的一个主要依据。为了便于工作，有时可将检查条款的出处加以注明，以便尽快统一不同的意见。

（2）国内外事故案例。前事不忘，后事之师。以往的事故教训和研制、生产过程中出现的问题必须记取。要注意收集国内外同行业及同类产品的事故案例，从中发掘出不安全因素，作为安全生产检查的内容。国内外及该单位在安全管理及生产方面的有关经验，自然也是一项重要内容。

（3）通过系统安全分析确定的危险部位及防范措施，也是制定安全生产检查表的依据。系统安全分析的方法可以多种多样，如预先危险分析、可操作性研究、故障树等。

（4）新知识、新成果、新方法、新技术、新法规和标准。

4. 安全生产检查表举例

下面以煤矿企业安全生产管理工作检查表（见表4—1）和煤矿矿井安全生产基本条件检查表（见表4—2）为例，说明检查表的内容和基本要求。

表4—1　　煤矿企业安全生产管理工作检查表

序号	检查内容	检查标准或依据	检查方法	检查评价
1	依法办矿	（1）具有采矿许可证、安全生产许可证、煤炭生产许可证、工商营业执照、矿长资格证	查五证及开采现状	

续表

序号	检查内容	检查标准或依据	检查方法	检查评价
1	依法办矿	(2) 依法在批准的开采范围内进行生产，不准越层、越界开采 (3) 煤矿企业必须遵守安全生产法律法规，加强安全生产管理，建立健全安全生产责任制度，完善安全生产条件，确保安全生产	查五证及开采现状	
2	安全管理机构	(1) 煤矿应当设置安全生产管理机构，配备专职安全生产管理人员 (2) 安全生产管理人员应由有关主管部门对其安全生产知识和管理能力进行考核，合格方能任职	查安全机构状况和成员素质	
3	规章制度	(1) 安全生产责任制度 (2) 安全目标管理制度 (3) 安全奖惩制度 (4) 安全技术审批制度 (5) 安全隐患排查制度 (6) 安全检查制度 (7) 安全办公会议制度	查制度和落实情况	
4	基本图样	(1) 煤矿必须具备：地质和水文地质图，井上、下对照图，巷道布置图，采掘工程平面图，通风系统图，井下运输系统图，安全监测装备布置图，排水、防尘、防火、注浆、压风、充填、抽放瓦斯等管路系统图，井下通信系统图，井上、下配电系统图，井下电气设备布置图和井下避灾路线图 (2) 煤矿所具备的各种图样经煤矿技术负责人审查，并根据矿井发展情况和采掘活动及时修改、填绘	查看图样与生产现状	

续表

序号	检查内容	检查标准或依据	检查方法	检查评价
5	井下设备安全标志	（1）煤矿使用的涉及安全生产的产品，必须经过安全检验，并取得煤矿矿用产品安全标志 （2）煤矿试验涉及新工艺、新技术、新材料、新设备前，必须经过论证、安全性能检验和鉴定，并制定安全措施	查设备、材料采购凭证，查设备、材料现场标志	
6	安全教育培训	（1）煤矿必须对职工进行安全教育和培训，未经安全培训的人员不得上岗 （2）煤矿特种作业人员必须经过专门培训，并取得特种作业操作资格证书，持证上岗 （3）煤矿采用新工艺、新技术、新材料、新设备，必须了解、掌握其主要技术特性，采取有效的安全防护措施，对从业人员进行专门的安全生产教育和培训	查企业培训计划及执行结果，查特种作业现场持证上岗情况	
7	安全检查、隐患处理和灾害预防	（1）煤矿安全生产管理人员应当根据生产安全情况进行经常性的安全检查，对检查中发现的主要问题，应当立即处理；不能处理的，应当及时报告本单位主要负责人。检查及处理情况应当记录在案 （2）对有较大危险因素的生产经营场所和有关设施、设备，必须设置明显的警示标志 （3）对重大危险源应当登记建档，定期进行检测、评估、监控，制定应急预案，采取有效措施，并告知从业人员和相关人员 （4）煤矿企业必须编制年度灾害预防和处理计划，并根据具体情况及时修改。灾害预防和处理计划由矿长组织实施，煤矿企业每年必须至少组织一次矿井救灾演习	查安全检查、处理隐患的记录，查重大危险源档案及处理情况	

续表

序号	检查内容	检查标准或依据	检查方法	检查评价
8	事故报告、抢救及查处	（1）煤矿发生事故，应按规定进行事故报告和统计 （2）事故发生后，主要负责人必须立即组织抢救，不得擅离职守 （3）事故调查结束后，根据事故调查情况，对事故责任人依法追究责任	查事故报告、统计和处理情况	
9	安全生产投入	（1）煤矿应当具备有关法律法规和国家标准、行业标准规定的主要安全生产条件，否则不得从事生产活动 （2）煤矿决策机构主要负责人应当保证安全生产所需资金投入 （3）决策机构主要负责人对由于安全生产所需资金投入不足导致的后果承担责任 （4）煤矿企业在编制生产建设长远发展规划和年度生产建设计划时，必须编制安全技术发展规划和安全技术措施计划，其所需费用、材料和设备等必须列入企业财务、供应计划	查安全技术发展规划、安全技术措施计划及其所需费用、材料、设备等供应情况	
10	三同时	（1）建设项目安全设施必须与主体工程同时设计、同时施工、同时投入生产和使用，投资纳入建设项目概算 （2）设计必须符合煤矿安全规程、行业技术规范要求和煤矿初步设计安全专篇 （3）安全设施设计必须经煤矿安全监察机构审查同意，否则不得施工 （4）建设工程竣工后投入使用前，其主要设施应由煤矿安全监察机构进行验收，未经验收或验收不合格的，不得投入使用	查建设项目设计、煤矿安全监察机构审查设计和竣工验收情况	

续表

序号	检查内容	检查标准或依据	检查方法	检查评价
11	职工安全管理、劳动保护	（1）煤矿应及时向从业人员告知作业场所和工作岗位存在的危险因素、所采取的防范措施及事故应急措施 （2）煤矿企业应为从业人员提供符合国家标准或行业标准的劳动保护用品，并监督教育从业人员按照使用规则佩戴使用，安排用于配备劳动保护用品的资金 （3）煤矿应与从业人员订立劳动合同，说明有关保障从业人员劳动安全、防止职业危害的事项，以及依法为从业人员办理工伤社会保险事项	查劳动保护用品质量、采购、发放和使用情况，询问从业人员对作业场所危险因素是否知情	

被检查单位负责人：　　　　　　　　检查负责人：

表 4—2　　　　煤矿矿井安全生产基本条件检查表

序号	检查内容	检查标准或依据	检查方法	检查评价
1	安全出口	（1）每个生产矿井必须至少有两个能行人的通达地面的安全出口，各个出口间的距离不得少于 30 米 （2）井田一翼走向较长，矿井发生灾害不能保证人员安全撤出时，必须在井田边界附近设安全出口 （3）下一个水平到上一个水平和各个采区必须至少有两个便于行人的安全出口，并与通达地面的安全出口相连接 （4）井巷交叉点必须设置路标，标明所在地点，指明通往安全出口的方向 （5）安全出口应经常清理、维护，保持畅通 （6）采煤工作面至少保持两个畅通的安全出口，一个通到回风巷，另一个通到进风巷。由于煤层储存条件所限，确实不能保证两个出口的，必须制定措施，有经县级以上主管部门批准的专项安全措施	查矿井采掘平面图和生产现场	

续表

序号	检查内容	检查标准或依据	检查方法	检查评价
2	矿井井巷断面	（1）主要运输巷和主要风巷的净高，自轨面起不小于2米；有架线的，架线悬挂高度在车场和有行人的巷道不小于2米，不能行人的巷道不小于1.9米；井底车场不小于2.2米；采区内上、下山和平巷的净高不小于2米；薄煤层内的巷道不小于1.8米 （2）运输巷道中的人行道宽度不小于0.8米（综合机械化矿井不小于1.0米）；车场中的人行道宽度不小于1.0米；达不到上述要求的矿井，必须在人行道一侧设躲避硐；躲避硐宽度不小于1.2米，高度不小于1.8米，深度不小于0.7米；两硐间距不小于40米 （3）双轨运输巷，两列对开列车最突出部分间距不小于0.2米，采区装载点不小于0.7米，矿车摘挂钩地点不小于1.0米	现场检测	
3	矿井通风	（1）矿井应当具备完整的独立通风系统，并有通风系统图 （2）生产水平和采区必须实行分区通风，采掘工作面实行独立通风 （3）矿井、采区、采掘工作面通风设施应当齐备可靠 （4）矿井必须在地面安装矿用通风机，一用一备	查看通风系统图及生产现场	
4	矿井防治瓦斯	（1）建立健全瓦斯防治机构 （2）瓦斯突出矿井和用通风方法解决瓦斯问题不合理的高瓦斯矿井，采掘工作必须建立地面永久抽放瓦斯系统或井下临时抽放瓦斯系统 （3）开采煤与瓦斯突出危险煤层，必须实行瓦斯预测预报、防治、效果检验和安全防护的综合防突措施	检查瓦斯防治机构，查看抽放瓦斯系统和综合防突措施	

续表

序号	检查内容	检查标准或依据	检查方法	检查评价
5	矿井防尘	（1）矿井必须有所有煤层的煤尘爆炸性鉴定资料 （2）矿井必须有防尘管理机构和管理制度 （3）矿井必须建有完善的防尘供水系统 （4）开采有煤尘爆炸危险煤层的矿井，必须有预防和隔绝煤尘爆炸的措施	检查煤尘爆炸性鉴定资料、防尘机构、防尘设施及效果	
6	矿井防治水	（1）矿井必须有完整的水文地质资料和远、近期防治水措施 （2）水文地质条件复杂的矿井必须建立地下水动态观测系统，进行观测预报，并制定相应的“探、防、堵、截、排”综合防治措施 （3）雨季受水威胁矿井必须制定防洪措施 （4）矿井具备完善的排水系统，排水符合规定	检查水文地质资料、防排水设施及效果	
7	矿井防灭火	（1）矿井必须制定井上、下防灭火措施，完善井上、下消防系统 （2）开采容易自燃和自燃性煤层的矿井，应制定防止煤层自燃的措施，建立完善的防止煤层自燃的系统	检查井上、下消防和防止煤层自燃的设施及效果	
8	矿井供电	（1）矿井应有两回路供电系统 （2）矿井必须有井上、下配电系统图 （3）井下电气设备必须符合防爆要求，各种保护装置完好可靠 （4）井下电气设备应有矿用产品安全标志	检查配电系统图，查看井上、下电气设备保护、防爆、安全标志是否齐备	

续表

序号	检查内容	检查标准或依据	检查方法	检查评价
9	矿井提升	（1）立井升降人员，应使用罐笼或可乘人的箕斗 （2）矿井提升绞车各种保险装置齐备可靠，深度指示器完好准确 （3）立井、斜井升降人和物使用的罐笼、箕斗、人车必须装设防坠装置	现场查看	
10	矿井通信	（1）矿井应有完善可靠的通信系统，保持矿内、外，井上、下及重要场所、作业地点通信畅通 （2）井下主要泵房、井下中央变电所、地面变电所、通风机房的电话，应能与矿调度室直接联系	现场查看、测听	
11	矿井爆破	（1）煤矿应按规定建井上、下爆炸材料库，爆炸材料的储存数量符合规定 （2）井下爆破作业必须使用按矿井瓦斯等级选用的相应级别的煤矿许用炸药和煤矿许用电雷管	现场查看账目及实物	

被检查单位负责人：　　　　　　　　　　　　检查负责人：

第二节　危险源辨识与治理

危险源是事故发生的前提，是事故发生过程中能量与物质释放的主体。因此，有效地管理和控制危险源，特别是重大危险源，对于确保安全生产与职业健康，保证生产经营单位的生产顺利进行具有十分重要的意义。根据《安全生产法》的规定，重大危险源是指长期地或者临时地生产、搬运、使用或者储存危险物品，且危险物品的数量等于或者超过临界量的单元（包括场所和设施）。

一、危险源及其辨识的概念

1. 危险源的定义

参照第80届国际劳工大会通过的《预防重大工业事故公约》和我国有关标准，将危险源定义为：长期或临时生产、加工、搬运、使用或储存的危险物质，且危险物质的数量等于或超过临界量的单元。此处的单元是指一套生产装置、设施或场所，危险物质是指能导致火灾、爆炸或中毒、触电等危险的一种或若干物质的混合物，临界量是指国家法律、法规、标准规定的一种或一类特定危险物质的数量。

2. 危险源的分类

依据我国安全生产领域的相关规定和结合行业的工艺特点，从可操作性入手，对重大危险源所处的场所或设备、设施进行分类，每类中可依据不同的特性进行有层次的展开。一般工业生产作业过程中的危险源分为以下五类：

（1）易燃易爆和有毒有害物质类危险源。

（2）锅炉及压力容器设施类危险源。

（3）电气设施类危险源。

（4）高温作业类危险源。

（5）辐射危害类危险源。

3. 危险源辨识

危险源辨识是指发现、识别系统中的危险源。这是一项非常重要的工作，它是危险源控制的基础，只有辨识危险源之后才能有的放矢地考虑如何采取措施控制危险源。

以前，人们主要根据事故经验进行危险源辨识工作。例如，通过与操作者交谈或到现场进行检查，查阅以往的事故记录等方式发现危险源。由于危险源是“潜在的”不安全因素，比较隐蔽，所以危险源辨识是一项非常困难的工作。在系统比较复杂的场合，危险源辨识工作更加困难，需要利用专门的方法，还需要具备许多知识和经验。

危险源辨识方法主要分为对照法和系统安全分析法。

（1）对照法。对照法是与有关标准、规范、规程或经验进行对照，通过对照来辨识危险源。有关标准、规范、规程以及常用的安全检查表，都是在大量实践经验的基础上编制而成的，因此，对照法是一种基于经验的方法，适用于有以往经验可供借鉴的情况。

（2）系统安全分析法。系统安全分析法主要是从安全角度进行的系统分析，通过揭示系统中可能导致系统故障或事故的各种因素及其相互关系，来辨识系统中的危险源。系统安全分析法经常被用于辨识可能带来严重事故后果的危险源，也可以用于辨识没有事故经验的系统危险源。

4. 第一类、第二类危险源理论

按照危险源在事故发生、发展过程中的作用，可将危险源分为两类。第一类危险源是指作用于人体的过量的能量或干扰人体与外界能量交换的危险物质。在实际生产中，往往把产生能量的能量源或拥有能量的能量载体以及产生、储存危险物质的设备、容器或场所看做第一类危险源。为保证第一类危险源的安全运转，必须采取措施约束、限制能量，但约束、限制能量的措施可能因失效而导致事故的发生。因此，把导致能量或危险物质的约束或限制措施破坏或失效的各种不安全因素，称为第二类危险源。

第一类危险源是事故发生的前提，它在发生事故时释放出的能量或危险物质是导致人员伤害或财物损失的能量主体，并决定事故后果的严重程度。它也是主要研究和分析的对象。第二类危险源是第一类危险源导致事故的必要条件，并决定事故发生可能性的大小。我们可以将第一类危险源的危险性称为系统一类危险性，第二类危险源的危险性称为系统二类危险性，两者决定了系统危险性。

5. 危险源控制概念

危险源控制是利用工程技术和管理手段消除、控制危险源，防止危险源导致事故发生、造成人员伤害和财产损失的工作。危险源控制的基本理论依据是能量意外释放论。控制危险源主要通过工程技术手段来实现。危险源控制技术包括防止事故发生的安全技术和减少或避免事故损失的安全技术。前者在于约束、限制系统中的能量，防止发生意外的能量释放；后者在于避免或减轻意外释放的能量对人或物的作用。显然，在采取危险源控制措施时，我们应该着眼于前者，做到防患于未然。另外，也应做好充分准备，一旦发生事故，要防止事故扩大或引起其他事故（二次事故），把事故造成的损失控制在尽可能小的范围内。

管理也是危险源控制的重要手段。管理的基本功能是计划、组织、指挥、协调、控制。通过一系列有计划、有组织的系统安全管理活动，控制系统中人的因素、物的因素和环境因素，以便有效地控制危险源。

6. 危险性评价是辨识危险源的基础

危险性是指某种危险源导致事故发生、造成人员伤亡或财物损失的可能性。一般来说，危险性包括危险源导致事故发生的可能性和一旦发生事故造成人员伤亡或财物损失的后果严重程度两个方面的问题。

系统危险性评价是对系统中危险源危险性的综合评价。危险源的危险性评价包括对危险源自身危险性的评价和对危险源控制措施效果的评价两个方面的问题。

系统中危险源的存在是绝对的，任何工业生产系统中都存在着若干危险源。受实际的人力、物力等方面因素的限制，不可能完全消除或控制所有的危险源，只能集中有限的人力、物力资源消除和控制危险性较大的危险源。在危险性评价的基础上，按其危险性的大小将危险源分类排队，可以为确定采取控制措施的优先次序提供依据。

采取危险源控制措施后所进行的危险性评价，可以反映危险源控制措施效果是否达到了预定要求。如果采取控制措施后危险性仍然很高，则需要进一步研究对策，采取更有效的措施使危险性降到预定的标准。当危险源的危险性很小且可以被忽略时，则不必采取控制措施。危险性评价方法有相对评价法和概率评价法两大类。

7. 危险源辨识、评价与控制的实施

按一般意义上的理解，应该在危险源辨识的基础上进行危险源评价，并根据危险源危险性评价结果采取危险源控制措施。但是在实际工作中，危险源的辨识、评价与控制这三项工作并非严格按照程序分阶段地独立进行，而是相互交叉、相互重叠进行的。

例如，在某一个系统中存在着大量的不安全因素，按定义都可被看做是危险源，但实际上受人力、物力等因素的制约，只能把其中一部分具有较高危险性的不安全因素当做危险源来处理，忽略危险性较小的不安全因素。因此，在辨识危险源的过程中也需要进行危险性评价。在选择控制措施控制危险源时也同样如此，需要对控制效果进行相应的评价，通过评价选择最有效的控制措施。这种评价通常是通过对比控制前和控制后危险源的危险性来进行的。在采取危险源控制措施时，虽然可以控制原有的危险源，但危险源控制措施本身却又可能带来新的危险源和危险性，因此，在进行危险源控制时仍然需要进行危险源辨识和评价工作。

二、危险源辨识技术

危险源辨识的目的就是通过对系统的调查与分析，界定出系统中的哪些部分、哪些区域是危险源，其危险性质、危害程度、存在状况、危险源能量和物质转化为事故的转化过程规律、转化条件、触发因素等，以便有效地控制能量和物质的转化，使危险源不至于转化为事故。它是利用科学方法对生产过程中那些具有能量的物质的性质、类型、构成要素、触发因素或条件以及后果进行分析与研究，作出科学判断，为控制事故发生提供必要的、可靠的依据。危险源辨识的理论方法主要有系统危险分析、危险评价等方法与技术。

在确定危险源辨识的方法、步骤和程序时，通常要涉及危险源区域调查、危险源区域的划分原则、危险源辨识的组织程序、危险源辨识的技术程序等。作为一般工业生产企业，对于危险源的辨识，主要涉及危险源辨识的组织程序和技术程序。

1. 危险源辨识的组织程序

在企业实际生产管理中，对危险源的辨识与监控，可以采取以下程序组织实施：

（1）对管理人员和技术人员进行专项培训。

（2）确认本企业主要危险源和主要危险源区域。

（3）组织生产班组和操作人员查找危险源，进行危险源辨识。

（4）组织进行专项设备、设施检查，参考有关事故案例，参考有关规程、标准，确认主要危险源。

（5）安全管理人员对危险源进行调查汇总，对所发现的危险源进行审查确认。

（6）对危险源进行分级管理，采取分级监控措施。

（7）对危险源提出有针对性的安全措施，并不断进行补充完善。

（8）填写危险源登记表，进行危险源分级监控管理。

2. 危险源辨识的技术程序

危险源辨识的技术程序主要包括危险源调查、危险区域界定、存在条件及触发因素分析、潜在危险性分析、危险源等级划分。现分述如下：

（1）危险源调查。在进行危险源调查之前，首先应确定所要分析的系统，如是整个企业还是某个车间或某个生产工艺过程。然后对所分析的系统进行调查，调查的主要内容包括：生产工艺设备及材料情况、作业环境情况、人员操作情况、事故发生情况、设备与作业安全防护等。

（2）危险区域界定，即划定危险源点的范围。首先应对系统进行划分，可按设备、生产装置及设施划分子系统，也可按作业单元划分子系统。然后分析每个子系统中存在的危险源点，再以源点为核心加上防护范围即为危险区域，这个危险区域就是危险源区域。

（3）存在条件及触发因素分析。一定数量的危险物质或一定强度的能量，由于存在条件不同，所显现的危险性也不同，被触发转换为事故的可能性大小也不同。因此，存在条件及触发因素分析是危险源辨识的重要环节。存在条件分析包括：储存条件（如堆放方式、其他物品情况、通风等）、物理状态参数（如温度、压力等）、设备状况（如设备完好程度、设备缺陷、维修保养情况等）、防护条件（如防护措施、故障处理措施、安全标志等）、操作条件（如操作技术水平、操作失误率等）、管理条件等。

触发因素可分为人为因素和自然因素。人为因素包括个人因素（如操作失误、不正确的操作、粗心大意、心理因素等）和管理因素（如不正确的管理、不正确的训练、指挥失误、判断决策失误、设计差错、错误安排等）。自然因素是指引起危险源转化的各种自然条件及其变化，如气象条件参数（气温、气压、湿度、风速）变化、雷电、雨雪、振动、地震等。

（4）潜在危险性分析。危险源转化为事故，其表现是能量和危险物质的释放，因此危险源的潜在危险性可用能量的大小和危险物质的量来衡量。能量包括电能、机械能、化学能、核能等，危险源的能量越大，表明其潜在危险性越大。

（5）危险源等级划分。危险源分级一般按危险源在触发因素作用下转化为事故的可能性大小与发生事故的后果严重程度划分。危险源分级实质上是对危险源的评价。按事故出现的可能性大小可分为：非常容易发生、容易发生、较容易发生、不容易发生、难以发生、极难发生。根据危害程度可分为：可忽略、临界的、危险的、破坏性的等级别。也可按单项指标来划分等级，如高处作业根据高差指标将坠落事故危险源划分为四级（一级 2～5 米，二级 5～15 米，三级 15～30 米，特级 30 米以上），按压力指标将压力容器划分为低压容器、中压容器、高压容器、超高压容器四级。从管理控制角度，通常根据危险源的潜在危险性大小、控制难易程度、事故可能造成的损失情况进行综合分级。

三、危险因素的分类

危险因素是指能造成人员伤亡，影响人的身体健康，对物造成急性或慢性损坏的因素。严格来说，可分为危险因素（强调突发性和短时性）和危害因素（长时间的累积效应），但在此统称为危险因素。

根据生产过程和伤亡事故的国家标准不同，危险因素有三种分类方法。

1. 根据危害性质分类

根据《生产过程危险和危害因素分类与代码》（GB/T 13816—1992）的规定，将生产过程的危险因素和危害因素分为五大类：

（1）物理性危险因素与危害因素。

（2）化学性危险因素与危害因素。

（3）生物性危险因素与危害因素。

（4）心理、生理性危险因素与危害因素。

（5）行为性危险因素与危害因素。

2. 根据《企业职工伤亡事故分类》的规定进行分类

参照《企业职工伤亡事故分类》（GB 6441—1986）的规定，综合考虑起因物、引起事故发生的诱导性原因、致害物、伤害方式等，将危险因素分为 20 类。

3. 参照《职业病范围和职业病患者处理办法的规定》分类

参照卫生部、原劳动部、财政部、中华全国总工会联合发布的

《职业病范围和职业病患者处理办法的规定》，将有害因素分为毒物、粉尘、噪声与振动、高温、低温、致病微生物、辐射（电离辐射、非电离辐射）、其他有害因素等八类。

四、危险源的分类

根据危险源的定义，我们知道危险源是指一个系统中具有潜在能量和物质释放危险的，在一定的触发因素作用下可转化为事故的部位、区域、场所、空间、岗位、设备及其位置。也就是说，危险源是能量、危险物质集中的核心，是能量释放出来的地方。危险源存在于确定的系统中，系统范围不同，危险源区域也不同。例如，就全国范围来说，某个行业（如石油、化工等）就是危险源，具体到一个行业，某个企业（如炼油厂）就是危险源；而就一个企业系统来说，可能某个车间、仓库就是危险源；对于一个车间系统来说，可能某台设备就是危险源。因此，分析危险源应按系统的不同层次来进行。

依据上述认识，危险源应由三个要素构成：潜在危险性、存在条件和触发因素。危险源的潜在危险性是指一旦触发事故可能带来的危害程度或损失大小，或者说危险源可能释放的能量大小或危险物质的多少。危险源的存在条件是指危险源所处的物理、化学状态和约束条件状态，例如物质的压力、温度、化学稳定性，盛装容器的坚固性，作业场所存在的障碍物等情况。触发因素虽然不属于危险源的固有属性，但它是危险源转化为事故的外因，而且每一类型的危险源都有相应的敏感触发因素。例如易燃易爆物质，热能是其敏感触发因素。又如压力容器，压力升高是其敏感触发因素。因此，一定的危险源总是与相应的触发因素相关联。在触发因素的作用下，危险源转化为危险状态，继而转化为事故。

危险源是可能导致事故发生的潜在不安全因素。实际上，生产过程中的危险源即不安全因素种类繁多、非常复杂，它们在导致事故发生、造成人员伤害和财产损失方面所起的作用各不相同。相应地，控制它们的原则、方法也各不相同。根据危险源在事故发生、发展中的作用，将危险源划分为两大类，即第一类危险源和第二类危险源。

1. 第一类危险源分析

根据能量意外释放论，事故是能量或危险物质的意外释放，作用于人体的过量的能量或干扰人体与外界能量交换的危险物质是造成人员伤害的直接原因。于是，把系统中存在的、可能发生意外释放的能量或危险物质称为第一类危险源。一般地，能量被解释为物体做功的本领。做功的本领是无形的，只有在做功时才能显现出来。因此，实际工作中往往把产生能量的能量源或拥有能量的能量载体看做第一类危险源。例如，带电的导体、奔驰的车辆等。

在工业企业生产过程中，比较常见的第一类危险源有：

（1）产生、供给能量的装置、设备。产生、供给人们生产、生活所需能量的装置、设备是典型的能量源。例如变电所、供热锅炉等，它们运行时供给或产生很大的能量。

（2）使人体或物体具有较高势能的装置、设备、场所。例如起重、提升机械和高差较大的场所等，使人体或物体具有较高的势能。

（3）能量载体。拥有能量的人或物。例如运动中的车辆、机械运动部件、带电导体等，本身都具有较大的能量。

（4）一旦失控可能产生巨大能量的装置、设备、场所。一些正常情况下按人们的意图进行能量转换和做功，在意外情况下可能产生巨大能量的装置、设备、场所。例如，发生强烈放热反应的化工装置、充满爆炸性气体的空间等。

（5）一旦失控可能发生能量蓄积或突然释放的装置、设备、场所。正常情况下多余的能量被泄放而处于安全状态，一旦失控会发生能量的大量蓄积，其结果可能导致大量能量意外释放的装置、设备、场所。例如，各种压力容器、受压设备，容易发生静电蓄积的装置、场所等。

（6）危险物质。除了干扰人体与外界能量交换的有害物质外，也包括具有化学能的危险物质。具有化学能的危险物质分为可燃烧爆炸危险物质和有毒有害危险物质两类。前者指能够引起火灾、爆炸的物质，按其物理化学性质分为可燃气体、可燃液体、易燃固体、可燃粉尘、易爆化合物、自燃性物质、忌水性物质和混合危险物质八类；后者指直接加害于人体，造成人员中毒、致病、致畸、致癌等的化学物质。

（7）生产、加工、储存危险物质的装置、设备、场所。这些装置、设备、场所在意外情况下可能引起其中的危险物质起火、爆炸或泄漏。例如，炸药的生产、加工、储存设施，化工、石油化工生产装置等。

（8）一旦人体与之接触将导致人体能量意外释放的物体。物体的棱角、工件的毛刺、锋利的刀刃等，一旦运动着的人体与之接触，就会导致人体的动能意外释放而遭受伤害。

2. 第一类危险源危害后果的影响因素

第一类危险源的危险性主要表现为危险源能导致事故发生并造成后果的严重程度。第一类危险源危险性的大小主要取决于以下几方面情况：

（1）能量或危险物质的量。第一类危险源导致事故发生的后果严重程度主要取决于事故发生时意外释放的能量大小或危险物质的多少。一般来说，第一类危险源拥有的能量或危险物质越多，则事故发生时可能意外释放的量也就越多。当然，有时也会有例外的情况，有些第一类危险源拥有的能量或危险物质只能部分地意外释放。

（2）能量或危险物质意外释放的强度。能量或危险物质意外释放的强度是指事故发生时单位时间内释放的量。在意外释放的能量或危险物质的总量相同的情况下，释放强度越大，能量或危险物质对人体或物体的作用越强烈，造成的后果越严重。

（3）能量的种类和危险物质的危险性。不同种类的能量造成人员伤害、财物损坏的机理不同，其后果也各不相同。危险物质的危险性主要取决于自身的物理化学性质。燃烧爆炸性物质的物理化学性质决定其导致火灾、爆炸事故的难易程度及事故后果的严重程度。工业毒物的危险性主要取决于其自身毒性的大小。

（4）意外释放的能量或危险物质的影响范围。事故发生时意外释放的能量或危险物质的影响范围越大，可能遭受其作用的人或物越多，事故造成的损失就越大。例如，有毒有害气体泄漏时可能影响到下风侧的一个很大范围。

3. 第二类危险源分析

在企业生产过程中，为了利用能量，让能量按照人们的意图在生产过程中流动、转换和做功，就必须采取屏蔽措施约束、限制能量，即必须控制危险源。约束、限制能量的屏蔽措施应该能够可靠地控制能量，防止能量意外释放。然而，实际生产过程中绝对可靠的屏蔽措施并不存在。在许多因素的复杂作用下，约束、限制能量的屏蔽措施可能失效，甚至可能被破坏而导致事故的发生。导致约束、限制能量的屏蔽措施失效或破坏的各种不安全因素称为第二类危险源，它包括人、物、环境三个方面的问题。

人的因素问题主要是人的不安全行为和人为失误。不安全行为一般是指明显违反安全操作规程的行为，这种行为往往直接导致事故的发生。例如，不断开电源就带电修理电气线路而导致触电等。人为失误是指人的行为结果偏离了预定的标准。例如，合错了开关使检修中的线路带电，误开阀门使有害气体泄漏等。人的不安全行为、人为失误可能直接破坏对第一类危险源的控制，造成能量或危险物质的意外释放，也可能造成物的因素问题，由于物的因素问题进而导致事故的发生。

物的因素问题可以概括为物的不安全状态和物的故障（或失效）。物的不安全状态是指机械设备、物质等明显不符合安全要求的状态。例如，没有防护装置的传动齿轮、裸露的带电体等。在我国的安全管理实践中，往往把物的不安全状态称为“隐患”。物的故障（或失效）是指机械设备、零部件等由于性能低下而不能实现预定功能的现象。物的不安全状态和物的故障（或失效）可能直接使约束、限制能量或危险物质的措施失效而发生事故。例如，电线绝缘损坏导致漏电，管道破裂使其中的有毒有害介质泄漏等。有时一种物的故障可能导致另一种物的故障，最终造成能量或危险物质的意外释放。例如，压力容器的泄压装置出现故障，使容器内部介质压力上升，最终导致容器破裂。物的因素问题有时会诱发人的因素问题，人的因素问题有时也会造成物的因素问题，实际情况比较复杂。

环境因素主要是指系统运行的环境，包括温度、湿度、照明、粉尘、通风换气、噪声和振动等物理环境，以及企业和社会的软环境。不良的物理环境会引起物的因素问题或人的因素问题。例如，潮湿的环境会加速金属腐蚀而降低结构或容器的强度；工作场所强烈的噪声会影响人的情绪，分散人的注意力而导致人为失误；企业的管理制度、人际关系或社会环境影响人的心理，可能造成人的不安全行为或人为失误。

第二类危险源往往是一些围绕第一类危险源随机发生的现象，它们出现的情况决定事故发生的可能性。第二类危险源出现得越频繁，发生事故的可能性就越大。

4. 危险源与事故发生的关联性

一起事故的发生是两类危险源共同作用的结果。一方面，第一类危险源的存在是事故发生的前提，没有第一类危险源就谈不上能量或危险物质的意外释放，也就无所谓事故；另一方面，如果没有第二类危险源破坏对第一类危险源的控制，也就不会发生能量或危险物质的意外释放。第二类危险源的出现是第一类危险源导致事故发生的必要条件。

在事故发生、发展过程中，两类危险源相互依存、相辅相成。

第一类危险源在事故发生时释放出的能量是导致人员伤害或财物损坏的能量主体，决定着事故后果的严重程度；第二类危险源出现的难易程度决定着事故发生的可能性大小。两类危险源共同决定危险源的危险性。对第二类危险源的控制应该在对第一类危险源控制的基础上进行。与第一类危险源的控制相比，第二类危险源的控制更困难。

五、危险源的控制管理

1. 危险源控制途径

对危险源的控制可从三个方面进行，即技术控制、人的行为控制和管理控制。

（1）技术控制。即采取技术措施对固有危险源进行控制，主要技术有消除、控制、防护、隔离、监控、保留和转移等。

（2）人的行为控制。即控制人为失误，减少人的不正确行为对危险源的触发作用。人为失误的主要表现形式有：操作失误、指挥错误、不正确的判断或缺乏判断、粗心大意、厌烦、懒散、疲劳、紧张、疾病或生理缺陷、错误使用防护用品和防护装置等。对人的行为的控制首先是加强教育培训，做到人的安全化；其次应做到操作安全化。

（3）管理控制。可采取以下管理措施对危险源进行控制：

1）建立健全危险源管理的规章制度。危险源确定后，在对危险源进行系统危险性分析的基础上建立健全各项规章制度，包括岗位安全生产责任制、危险源重点控制实施细则、安全操作规程、操作人员培训考核制度、日常管理制度、交接班制度、检查制度、信息反馈制度、危险作业审批制度、异常情况应急措施、考核奖惩制度等。

2）明确责任，定期检查。应根据各危险源的等级分别确定各级负责人，并明确他们应负的具体责任。特别是要明确各级危险源的定期检查责任。除了作业人员必须每天自查外，还要规定各级领导定期参加检查。对于重点危险源，应做到公司总经理（厂长、所长等）半年一查，分厂厂长月查，车间主任（室主任）周查，工段长、班组长日查。对于低级别的危险源，也应制订出详细的检查安排计划。

对危险源的检查要对照检查表逐条逐项实施，按规定的方法和标准进行，并做记录。如发现隐患则应按信息反馈制度及时反馈，促使其及时得到消除。凡未按要求履行检查职责而导致事故发生者，要依法追究其责任。规定各级领导参加定期检查，有助于增强他们的安全责任感，体现“管生产必须管安全”的原则，也有助于重大事故隐患的及时发现和及时消除。

专职安技人员要对各级人员检查的情况进行定期检查、监督并严格进行考评，以实现管理的封闭。

3）加强危险源的日常管理。要严格要求作业人员贯彻执行有关危险源日常管理的规章制度。搞好安全值班、交接班，按安全操作规程进行操作，按安全检查表的内容进行日常安全检查，危险作业要经过审批等。所有活动均应按要求认真做好记录。领导和安技部门定期进行严格检查考核，发现问题及时给予指导教育，根据检查考核情况进行奖惩。

4）抓好信息反馈，及时整改隐患。要建立健全危险源信息反馈系统，制定信息反馈制度并严格贯彻实施。对检查中发现的事故隐患，应根据其性质和严重程度，按照规定分级并实行信息反馈和整改，做好记录，发现重大隐患应立即向安技部门和行政第一领导报告。信息反馈和整改的责任应落实到人。对信息反馈和隐患整改的情况，各级领导和安技部门要进行定期考核和奖惩。安技部门要定期收集、处理信息，及时提供给各级领导研究决策，不断改进危险源的控制管理工作。

5）搞好危险源控制管理的基础建设工作。危险源控制管理的基础工作除建立健全各项规章制度外，还应建立健全危险源的安全档案和设置安全标志牌。应按安全档案管理的有关内容要求建立危险源档案，并指定专人保管，定期整理。应在危险源的显著位置悬挂安全标志牌，标明危险等级，注明负责人员，按照相关国家标准中安全标志的设立要求标明主要危险，并简要注明防范措施。

6）搞好危险源控制管理的考核评价和奖惩。应对危险源控制管理各方面工作制定考核标准，并力求量化，划分等级。定期严格考核评价，给予奖惩，并与班组升级和评先进结合起来。逐年提高要求，促使危险源控制管理水平不断提高。

2. 危险源的分级管理

所谓危险源点，是指包含第一类危险源的生产设备设施、生产岗位、作业单元等。在安全管理方面，对危险源点一般采用分级管理。

与传统的安全管理相比，危险源点分级管理具有以下特点：

（1）体现“预防为主”。危险源点分级管理的基础是危险源辨识和评价，它以系统安全分析和危险性评价为基本手段，对隐含在危险源点中的潜在不安全因素进行识别、分析、评价，找出危险源控制方面需要特别加强的地方，提前采取措施把不安全因素消灭在萌芽状态，从而大大提高了安全管理的主动性、科学性和有效性。

（2）全面系统的管理。危险源点分级管理是把整个危险源点作为一个完整的系统，它通过对有关人员、设备、环境、信息等诸要素的综合管理，取得危险源点控制的最佳效果。对系统整体安全目标的追求势必导致对各管理要素提出更高的要求，从而有助于实现安全管理的标准化、规范化和科学化。

（3）突出重点的管理。企业中存在着大量的危险源，每个危险源点都有发生事故的可能性。但是不同的危险源、不同的危险源点发生事故的危险性是不同的，安全管理工作应该把管理、控制重点放在发生事故频率高、事故后果严重的危险源点上。

根据危险源点的危险性大小对危险源点进行分级管理，可以突出安全管理的重点，把有限的人力、财力、物力集中起来以解决最关键的安全问题。抓住了重点就可以带动一般，推动企业安全管理水平的普遍提高。

3. 危险源控制基本原则

（1）消除优先原则。首先考虑通过合理的设计和科学的管理，尽可能从根本上消除危险源，实现本质安全。例如采用无害工艺技术，生产中以无害物质代替有害物质，实现自动化、遥控技术等。

（2）降低风险原则。若无法从根本上消除危险源，就要考虑降低风险。采取技术和管理措施，努力降低伤害或损坏发生的概率或潜在的严重程度。

（3）个体防护原则。在采取消除或降低风险措施后，还不能完全保证作业人员的安全与健康时，最后考虑个体防护设备，以作为补充对策，如穿戴特种劳动防护用品等。

六、重大危险源的申报登记与管理监控

《安全生产法》第三十三条规定："生产经营单位对重大危险源应当登记建档，进行定期检测、评估、监控，并制定应急预案，告知从业人员和相关人员在紧急情况下应当采取的应急措施。生产经营单位应当按照国家有关规定将本单位重大危险源及有关安全措施、应急措施报有关地方人民政府负责安全生产监督管理的部门和有关部门备案。"

1. 重大危险源的申报登记

（1）申报登记工作的目标和任务。重大危险源申报登记制度是重大危险源监控制度建立的基础，是安全生产工作中的一项基础性工作。通过重大危险源申报登记，掌握重大危险源的数量、分布和状况，为政府及有关部门的管理和决策及时提供准确的信息。

申报登记工作的任务是：

1）掌握重大危险源的数量、分布和状况，建立重大危险源申报、登记、评价、分级监管体系。

2）建立国家、省（区、市）、市（地）、区（县）四级重大危险源监控信息管理网络系统。

（2）重大危险源的申报范围。根据《重大危险源辨识》的规定，重大危险源分为生产场所重大危险源和储存区重大危险源两种，储存区重大危险源包括储罐区重大危险源和库区重大危险源。因此，按照《重大危险源辨识》的规定，重大危险源包括三种类型：①储罐区（储罐）；②库区（库）；③生产场所。

为加强管理、统一标准、规范运行，国家安全生产监督管理总局（国家煤矿安全监察局）发布了《关于开展重大危险源监督管理工作的指导意见》（安监管协调字［2004］56号）。依据该指导意见，重大危险源的类别增加如下：①压力管道；②锅炉；③压力容器；④煤矿（井工开采）；⑤金属非金属地下矿山；⑥尾矿库。

（3）重大危险源申报表填写注意事项。重大危险源申报的目的是掌握重大危险源的状况及其分布，为重大危险源评价、分级、监控和管理提供基础数据。重大危险源申报表分为三类：第一类为生产经营单位基本情况表，第二类为各类重大危险源基本特征表，第三类为重大危险源周边环境基本情况表。

填表时，应根据生产经营单位的实际情况填写生产经营单位基本情况表以及所有符合申报范围的重大危险源基本特征表。生产经营单位存在哪一类别的重大危险源，填报相应的重大危险源基本特征表，每个重大危险源填表一份。储罐区（储罐）、库区（库）、生产场所及其他可能给周围环境造成严重后果的重大危险源应填写重大危险源周边环境基本情况表。

填写重大危险源申报表时应当注意以下几点：

1）重大危险源申报表的填报、图文资料，必须坚持实事求是的原则，严格按照规范填写，如实反映实际情况。

2）填表应用钢笔，表格内容要认真逐项填写，无此项内容时填写“无”，因故无法填写的内容应注明原因。

3）当重大危险源申报涉及保密数据时，应遵守有关保密规定。

4）填空类的填写分为两种：①填写数值，如设计能力、实际产量、煤尘爆炸指数、矿井最大涌水量等。数值填写一方面要求准确，另一方面要注意数值单位，数值填写按申报表中给出的单位填写。②数值以外的其他类型数据，如名称、地址、日期、电话、型号以及影响矿井安全生产的主要问题说明等。名称应写全称，地址应写详细，主要问题说明应抓住重点，要把问题说清楚，且简明扼要。

5）选择类的填写分为两种：①单项选择，对于某一项目给出几种选择，针对填表单位的实际情况，选择一个最合适的选项，如经济类型、开拓方式、主要落煤方式、矿井瓦斯等级等。最合适的选项是唯一的。②多项选择，对于某一项目给出几种选择，如“矿山存在以下哪几种灾害类型”“带式输送机有以下哪几种防火措施”等。多项选择出现的概率比较小，绝大多数是单项选择。

2. 重大危险源的管理监控

生产经营单位对重大危险源的管理监控负有以下职责：

（1）存在重大危险源的生产经营单位应当加强重大危险源的安全管理与监控，生产经营单位的主要负责人对本单位的重大危险源安全管理与监控工作全面负责。

（2）生产经营单位应当按照《安全生产法》《重大危险源辨识》和申报登记范围的要求对本单位的重大危险源进行登记建档，并填写《重大危险源申报表》报当地安全监管部门（或煤矿安全监察机构）。对新设立或者新构成的重大危险源，生产经营单位应及时报告当地人民政府安全生产监督管理部门备案；对已不构成重大危险源的，生产经营单位应及时报告核销。

（3）生产经营单位应当每两年至少对本单位的重大危险源进行

一次安全评估，并提交安全评估报告。安全评估工作应由注册安全评价人员或注册安全工程师主持进行，或者委托具备安全评价资格的评价机构进行。安全评估报告应包括重大危险源的基本情况，危险、有害因素辨识与分析，可能发生的事故类型、严重程度，重大危险源等级，安全对策措施，应急救援措施和评估结论等。安全评估报告应报当地安全监管部门备案。

（4）重大危险源的生产过程以及材料、工艺、设备、防护措施和环境等因素发生重大变化时，或者国家有关法规、标准发生变化时，生产经营单位应当对重大危险源重新进行安全评估，并将有关情况报当地安全监管部门。

（5）生产经营单位的决策机构及其主要负责人，或者个人经营的投资人应当保证重大危险源安全管理与监控所必需的资金投入。

（6）生产经营单位必须建立健全重大危险源安全管理规章制度，制定重大危险源安全管理与监控的实施方案。

（7）生产经营单位应当对从业人员进行安全教育和技术培训，使其掌握本岗位安全操作技能和在紧急情况下应当采取的应急措施。

（8）生产经营单位应当将重大危险源可能发生事故的应急措施信息告知相关单位和人员。

（9）生产经营单位应当在重大危险源现场设置明显的安全警示标志，并加强有关设备、设施的安全管理。

（10）生产经营单位应当对重大危险源中的工艺参数、危险物质进行定期检测，对重要设备、设施进行经常性的检测、检验，并做好检测、检验记录。

（11）生产经营单位应当对重大危险源的安全状况进行定期检查，并建立重大危险源安全管理档案。

（12）对存在事故隐患的重大危险源，生产经营单位必须立即整改，采取切实可行的安全措施，防止事故的发生，并及时报告当地人民政府安全生产监督管理部门。

（13）生产经营单位应当对重大危险源制定相应的现场应急救援预案，落实应急救援预案的各项措施，每年进行一次事故应急救援演练。重大危险源应急救援预案必须报送当地人民政府安全生产监督管理部门备案。

第三节 隐患排查与治理相关法律法规规定

一、《安全生产法》相关规定

第三十三条 生产经营单位对重大危险源应当登记建档，进行定期检测、评估、监控，并制定应急预案，告知从业人员和相关人员在紧急情况下应当采取的应急措施。

生产经营单位应当按照国家有关规定将本单位重大危险源及有关安全措施、应急措施报有关地方人民政府负责安全生产监督管理的部门和有关部门备案。

第三十四条 生产、经营、储存、使用危险物品的车间、商店、仓库不得与员工宿舍在同一座建筑物内，并应当与员工宿舍保持安全距离。

生产经营场所和员工宿舍应当设有符合紧急疏散要求、标志明显、保持畅通的出口。禁止封闭、堵塞生产经营场所或者员工宿舍的出口。

第三十五条 生产经营单位进行爆破、吊装等危险作业，应当安排专门人员进行现场安全管理，确保操作规程的遵守和安全措施的落实。

第三十六条 生产经营单位应当教育和督促从业人员严格执行本单位的安全生产规章制度和安全操作规程；并向从业人员如实告知作业场所和工作岗位存在的危险因素、防范措施以及事故应急措施。

第三十七条　生产经营单位必须为从业人员提供符合国家标准或者行业标准的劳动防护用品，并监督、教育从业人员按照使用规则佩戴、使用。

第三十八条　生产经营单位的安全生产管理人员应当根据本单位的生产经营特点，对安全生产状况进行经常性检查；对检查中发现的安全问题，应当立即处理；不能处理的，应当及时报告本单位有关负责人。检查及处理情况应当记录在案。

第三十九条　生产经营单位应当安排用于配备劳动防护用品、进行安全生产培训的经费。

第四十五条　生产经营单位的从业人员有权了解其作业场所和工作岗位存在的危险因素、防范措施及事故应急措施，有权对本单位的安全生产工作提出建议。

第六十四条　任何单位或者个人对事故隐患或者安全生产违法行为，均有权向负有安全生产监督管理职责的部门报告或者举报。

第六十五条　居民委员会、村民委员会发现其所在区域内的生产经营单位存在事故隐患或者安全生产违法行为时，应当向当地人民政府或者有关部门报告。

第六十六条　县级以上各级人民政府及其有关部门对报告重大事故隐患或者举报安全生产违法行为的有功人员，给予奖励。具体奖励办法由国务院负责安全生产监督管理的部门会同国务院财政部门制定。

二、《职业病防治法》相关规定

第十四条　用人单位应当依照法律、法规要求，严格遵守国家职业卫生标准，落实职业病预防措施，从源头上控制和消除职业病危害。

第十六条　国家建立职业病危害项目申报制度。

用人单位工作场所存在职业病目录所列职业病的危害因素的，

应当及时、如实向所在地安全生产监督管理部门申报危害项目，接受监督。

职业病危害因素分类目录由国务院卫生行政部门会同国务院安全生产监督管理部门制定、调整并公布。职业病危害项目申报的具体办法由国务院安全生产监督管理部门制定。

第二十三条　用人单位必须采用有效的职业病防护设施，并为劳动者提供个人使用的职业病防护用品。

用人单位为劳动者个人提供的职业病防护用品必须符合防治职业病的要求；不符合要求的，不得使用。

第二十四条　用人单位应当优先采用有利于防治职业病和保护劳动者健康的新技术、新工艺、新设备、新材料，逐步替代职业病危害严重的技术、工艺、设备、材料。

第二十五条　产生职业病危害的用人单位，应当在醒目位置设置公告栏，公布有关职业病防治的规章制度、操作规程、职业病危害事故应急救援措施和工作场所职业病危害因素检测结果。

对产生严重职业病危害的作业岗位，应当在其醒目位置，设置警示标识和中文警示说明。警示说明应当载明产生职业病危害的种类、后果、预防以及应急救治措施等内容。

第二十六条　对可能发生急性职业损伤的有毒、有害工作场所，用人单位应当设置报警装置，配置现场急救用品、冲洗设备、应急撤离通道和必要的泄险区。

对放射工作场所和放射性同位素的运输、贮存，用人单位必须配置防护设备和报警装置，保证接触放射线的工作人员佩戴个人剂量计。

对职业病防护设备、应急救援设施和个人使用的职业病防护用品，用人单位应当进行经常性的维护、检修，定期检测其性能和效果，确保其处于正常状态，不得擅自拆除或者停止使用。

第二十七条　用人单位应当实施由专人负责的职业病危害因素

日常监测，并确保监测系统处于正常运行状态。

用人单位应当按照国务院安全生产监督管理部门的规定，定期对工作场所进行职业病危害因素检测、评价。检测、评价结果存入用人单位职业卫生档案，定期向所在地安全生产监督管理部门报告并向劳动者公布。

职业病危害因素检测、评价由依法设立的取得国务院安全生产监督管理部门或者设区的市级以上地方人民政府安全生产监督管理部门按照职责分工给予资质认可的职业卫生技术服务机构进行。职业卫生技术服务机构所作检测、评价应当客观、真实。

发现工作场所职业病危害因素不符合国家职业卫生标准和卫生要求时，用人单位应当立即采取相应治理措施，仍然达不到国家职业卫生标准和卫生要求的，必须停止存在职业病危害因素的作业；职业病危害因素经治理后，符合国家职业卫生标准和卫生要求的，方可重新作业。

第七十条　建设单位违反本法规定，有下列行为之一的，由安全生产监督管理部门给予警告，责令限期改正；逾期不改正的，处十万元以上五十万元以下的罚款；情节严重的，责令停止产生职业病危害的作业，或者提请有关人民政府按照国务院规定的权限责令停建、关闭：

（一）未按照规定进行职业病危害预评价或者未提交职业病危害预评价报告，或者职业病危害预评价报告未经安全生产监督管理部门审核同意，开工建设的；

（二）建设项目的职业病防护设施未按照规定与主体工程同时投入生产和使用的；

（三）职业病危害严重的建设项目，其职业病防护设施设计未经安全生产监督管理部门审查，或者不符合国家职业卫生标准和卫生要求施工的；

（四）未按照规定对职业病防护设施进行职业病危害控制效果评

价、未经安全生产监督管理部门验收或者验收不合格，擅自投入使用的。

第七十一条　违反本法规定，有下列行为之一的，由安全生产监督管理部门给予警告，责令限期改正；逾期不改正的，处十万元以下的罚款：

（一）工作场所职业病危害因素检测、评价结果没有存档、上报、公布的；

（二）未采取本法第二十一条规定的职业病防治管理措施的；

（三）未按照规定公布有关职业病防治的规章制度、操作规程、职业病危害事故应急救援措施的；

（四）未按照规定组织劳动者进行职业卫生培训，或者未对劳动者个人职业病防护采取指导、督促措施的；

（五）国内首次使用或者首次进口与职业病危害有关的化学材料，未按照规定报送毒性鉴定资料以及经有关部门登记注册或者批准进口的文件的。

第七十二条　用人单位违反本法规定，有下列行为之一的，由安全生产监督管理部门责令限期改正，给予警告，可以并处五万元以上十万元以下的罚款：

（一）未按照规定及时、如实向安全生产监督管理部门申报产生职业病危害的项目的；

（二）未实施由专人负责的职业病危害因素日常监测，或者监测系统不能正常监测的；

（三）订立或者变更劳动合同时，未告知劳动者职业病危害真实情况的；

（四）未按照规定组织职业健康检查、建立职业健康监护档案或者未将检查结果书面告知劳动者的；

（五）未依照本法规定在劳动者离开用人单位时提供职业健康监护档案复印件的。

第七十三条　用人单位违反本法规定，有下列行为之一的，由安全生产监督管理部门给予警告，责令限期改正，逾期不改正的，处五万元以上二十万元以下的罚款；情节严重的，责令停止产生职业病危害的作业，或者提请有关人民政府按照国务院规定的权限责令关闭：

（一）工作场所职业病危害因素的强度或者浓度超过国家职业卫生标准的；

（二）未提供职业病防护设施和个人使用的职业病防护用品，或者提供的职业病防护设施和个人使用的职业病防护用品不符合国家职业卫生标准和卫生要求的；

（三）对职业病防护设备、应急救援设施和个人使用的职业病防护用品未按照规定进行维护、检修、检测，或者不能保持正常运行、使用状态的；

（四）未按照规定对工作场所职业病危害因素进行检测、评价的；

（五）工作场所职业病危害因素经治理仍然达不到国家职业卫生标准和卫生要求时，未停止存在职业病危害因素的作业的；

（六）未按照规定安排职业病病人、疑似职业病病人进行诊治的；

（七）发生或者可能发生急性职业病危害事故时，未立即采取应急救援和控制措施或者未按照规定及时报告的；

（八）未按照规定在产生严重职业病危害的作业岗位醒目位置设置警示标识和中文警示说明的；

（九）拒绝职业卫生监督管理部门监督检查的；

（十）隐瞒、伪造、篡改、毁损职业健康监护档案、工作场所职业病危害因素检测评价结果等相关资料，或者拒不提供职业病诊断、鉴定所需资料的；

（十一）未按照规定承担职业病诊断、鉴定费用和职业病病人的医疗、生活保障费用的。

三、《矿山安全法》相关规定

第七条　矿山建设工程的安全设施必须和主体工程同时设计、同时施工、同时投入生产和使用。

第十六条　矿山企业必须对机电设备及其防护装置、安全检测仪器，定期检查、维修，保证使用安全。

第十七条　矿山企业必须对作业场所中的有毒有害物质和井下空气含氧量进行检测，保证符合安全要求。

第十八条　矿山企业必须对下列危害安全的事故隐患采取预防措施：

（一）冒顶、片帮、边坡滑落和地表塌陷；

（二）瓦斯爆炸、煤尘爆炸；

（三）冲击地压、瓦斯突出、井喷；

（四）地面和井下的火灾、水害；

（五）爆破器材和爆破作业发生的危害；

（六）粉尘、有毒有害气体、放射性物质和其他有害物质引起的危害；

（七）其他危害。

第十九条　矿山企业对使用机械、电气设备，排土场、矸石山、尾矿库和矿山闭坑后可能引起的危害，应当采取预防措施。

第二十五条　矿山企业工会发现企业行政方面违章指挥、强令工人冒险作业或者生产过程中发现明显重大事故隐患和职业危害，有权提出解决的建议；发现危及职工生命安全的情况时，有权向矿山企业行政方面建议组织职工撤离危险现场，矿山企业行政方面必须及时作出处理决定。

第三十三条　县级以上各级人民政府劳动行政主管部门对矿山安全工作行使下列监督职责：

（一）检查矿山企业和管理矿山企业的主管部门贯彻执行矿山安全法律、法规的情况；

（二）参加矿山建设工程安全设施的设计审查和竣工验收；

（三）检查矿山劳动条件和安全状况；

（四）检查矿山企业职工安全教育、培训工作；

（五）监督矿山企业提取和使用安全技术措施专项费用的情况；

（六）参加并监督矿山事故的调查和处理；

（七）法律、行政法规规定的其他监督职责。

第三十四条　县级以上人民政府管理矿山企业的主管部门对矿山安全工作行使下列管理职责：

（一）检查矿山企业贯彻执行矿山安全法律、法规的情况；

（二）审查批准矿山建设工程安全设施的设计；

（三）负责矿山建设工程安全设施的竣工验收；

（四）组织矿长和矿山企业安全工作人员的培训工作；

（五）调查和处理重大矿山事故；

（六）法律、行政法规规定的其他管理职责。

第三十九条　矿山事故发生后，应当尽快消除现场危险，查明事故原因，提出防范措施。现场危险消除后，方可恢复生产。

四、《国务院关于进一步加强企业安全生产工作的通知》相关规定

4. 及时排查治理安全隐患。企业要经常性开展安全隐患排查，并切实做到整改措施、责任、资金、时限和预案“五到位”。建立以安全生产专业人员为主导的隐患整改效果评价制度，确保整改到位。对隐患整改不力造成事故的，要依法追究企业和企业相关负责人的责任。对停产整改逾期未完成的不得复产。

13. 加强建设项目安全管理。强化项目安全设施核准审批，加强建设项目的日常安全监管，严格落实审批、监管的责任。企业新建、

改建、扩建工程项目的安全设施，要包括安全监控设施和防瓦斯等有害气体、防尘、排水、防火、防爆等设施，并与主体工程同时设计、同时施工、同时投入生产和使用。安全设施与建设项目主体工程未做到同时设计的一律不予审批，未做到同时施工的责令立即停止施工，未同时投入使用的不得颁发安全生产许可证，并视情节追究有关单位负责人的责任。严格落实建设、设计、施工、监理、监管等各方安全责任。对项目建设生产经营单位存在违法分包、转包等行为的，立即依法停工停产整顿，并追究项目业主、承包方等各方责任。

19. 严格安全生产准入前置条件。把符合安全生产标准作为高危行业企业准入的前置条件，实行严格的安全标准核准制度。矿山建设项目和用于生产、储存危险物品的建设项目，应当分别按照国家有关规定进行安全条件论证和安全评价，严把安全生产准入关。凡不符合安全生产条件违规建设的，要立即停止建设，情节严重的由本级人民政府或主管部门实施关闭取缔。降低标准造成隐患的，要追究相关人员和负责人的责任。

五、《危险化学品重大危险源监督管理暂行规定》

第一章　总　　则

第一条　为了加强危险化学品重大危险源的安全监督管理，防止和减少危险化学品事故的发生，保障人民群众生命财产安全，根据《中华人民共和国安全生产法》和《危险化学品安全管理条例》等有关法律、行政法规，制定本规定。

第二条　从事危险化学品生产、储存、使用和经营的单位（以下统称危险化学品单位）的危险化学品重大危险源的辨识、评估、登记建档、备案、核销及其监督管理，适用本规定。

城镇燃气、用于国防科研生产的危险化学品重大危险源以及港区内危险化学品重大危险源的安全监督管理，不适用本规定。

第三条 本规定所称危险化学品重大危险源（以下简称重大危险源），是指按照《危险化学品重大危险源辨识》（GB 18218）标准辨识确定，生产、储存、使用或者搬运危险化学品的数量等于或者超过临界量的单元（包括场所和设施）。

第四条 危险化学品单位是本单位重大危险源安全管理的责任主体，其主要负责人对本单位的重大危险源安全管理工作负责，并保证重大危险源安全生产所必需的安全投入。

第五条 重大危险源的安全监督管理实行属地监管与分级管理相结合的原则。

县级以上地方人民政府安全生产监督管理部门按照有关法律、法规、标准和本规定，对本辖区内的重大危险源实施安全监督管理。

第六条 国家鼓励危险化学品单位采用有利于提高重大危险源安全保障水平的先进适用的工艺、技术、设备以及自动控制系统，推进安全生产监督管理部门重大危险源安全监管的信息化建设。

第二章 辨识与评估

第七条 危险化学品单位应当按照《危险化学品重大危险源辨识》标准，对本单位的危险化学品生产、经营、储存和使用装置、设施或者场所进行重大危险源辨识，并记录辨识过程与结果。

第八条 危险化学品单位应当对重大危险源进行安全评估并确定重大危险源等级。危险化学品单位可以组织本单位的注册安全工程师、技术人员或者聘请有关专家进行安全评估，也可以委托具有相应资质的安全评价机构进行安全评估。

依照法律、行政法规的规定，危险化学品单位需要进行安全评价的，重大危险源安全评估可以与本单位的安全评价一起进行，以安全评价报告代替安全评估报告，也可以单独进行重大危险源安全评估。

重大危险源根据其危险程度，分为一级、二级、三级和四级，一级为最高级别。重大危险源分级方法由本规定附件 1（略）列示。

第九条 重大危险源有下列情形之一的，应当委托具有相应资质的安全评价机构，按照有关标准的规定采用定量风险评价方法进行安全评估，确定个人和社会风险值：

（一）构成一级或者二级重大危险源，且毒性气体实际存在（在线）量与其在《危险化学品重大危险源辨识》中规定的临界量比值之和大于或等于1的；

（二）构成一级重大危险源，且爆炸品或液化易燃气体实际存在（在线）量与其在《危险化学品重大危险源辨识》中规定的临界量比值之和大于或等于1的。

第十条 重大危险源安全评估报告应当客观公正、数据准确、内容完整、结论明确、措施可行，并包括下列内容：

（一）评估的主要依据；

（二）重大危险源的基本情况；

（三）事故发生的可能性及危害程度；

（四）个人风险和社会风险值（仅适用定量风险评价方法）；

（五）可能受事故影响的周边场所、人员情况；

（六）重大危险源辨识、分级的符合性分析；

（七）安全管理措施、安全技术和监控措施；

（八）事故应急措施；

（九）评估结论与建议。

危险化学品单位以安全评价报告代替安全评估报告的，其安全评价报告中有关重大危险源的内容应当符合本条第一款规定的要求。

第十一条 有下列情形之一的，危险化学品单位应当对重大危险源重新进行辨识、安全评估及分级：

（一）重大危险源安全评估已满三年的；

（二）构成重大危险源的装置、设施或者场所进行新建、改建、扩建的；

（三）危险化学品种类、数量、生产、使用工艺或者储存方式及重要设备、设施等发生变化，影响重大危险源级别或者风险程度的；

（四）外界生产安全环境因素发生变化，影响重大危险源级别和风险程度的；

（五）发生危险化学品事故造成人员死亡，或者 10 人以上受伤，或者影响到公共安全的；

（六）有关重大危险源辨识和安全评估的国家标准、行业标准发生变化的。

第三章 安全管理

第十二条 危险化学品单位应当建立完善重大危险源安全管理规章制度和安全操作规程，并采取有效措施保证其得到执行。

第十三条 危险化学品单位应当根据构成重大危险源的危险化学品种类、数量、生产、使用工艺（方式）或者相关设备、设施等实际情况，按照下列要求建立健全安全监测监控体系，完善控制措施：

（一）重大危险源配备温度、压力、液位、流量、组分等信息的不间断采集和监测系统以及可燃气体和有毒有害气体泄漏检测报警装置，并具备信息远传、连续记录、事故预警、信息存储等功能；一级或者二级重大危险源，具备紧急停车功能。记录的电子数据的保存时间不少于 30 天。

（二）重大危险源的化工生产装置装备满足安全生产要求的自动化控制系统；一级或者二级重大危险源，装备紧急停车系统。

（三）对重大危险源中的毒性气体、剧毒液体和易燃气体等重点设施，设置紧急切断装置；毒性气体的设施，设置泄漏物紧急处置装置。涉及毒性气体、液化气体、剧毒液体的一级或者二级重大危险源，配备独立的安全仪表系统（SIS）。

（四）重大危险源中储存剧毒物质的场所或者设施，设置视频监控系统。

（五）安全监测监控系统符合国家标准或者行业标准的规定。

第十四条 通过定量风险评价确定的重大危险源的个人和社会风险值，不得超过本规定附件2（略）列示的个人和社会可容许风险限值标准。

超过个人和社会可容许风险限值标准的，危险化学品单位应当采取相应的降低风险措施。

第十五条 危险化学品单位应当按照国家有关规定，定期对重大危险源的安全设施和安全监测监控系统进行检测、检验，并进行经常性维护、保养，保证重大危险源的安全设施和安全监测监控系统有效、可靠运行。维护、保养、检测应当做好记录，并由有关人员签字。

第十六条 危险化学品单位应当明确重大危险源中关键装置、重点部位的责任人或者责任机构，并对重大危险源的安全生产状况进行定期检查，及时采取措施消除事故隐患。事故隐患难以立即排除的，应当及时制定治理方案，落实整改措施、责任、资金、时限和预案。

第十七条 危险化学品单位应当对重大危险源的管理和操作岗位人员进行安全操作技能培训，使其了解重大危险源的危险特性，熟悉重大危险源安全管理规章制度和安全操作规程，掌握本岗位的安全操作技能和应急措施。

第十八条 危险化学品单位应当在重大危险源所在场所设置明显的安全警示标志，写明紧急情况下的应急处置办法。

第十九条 危险化学品单位应当将重大危险源可能发生的事故后果和应急措施等信息，以适当方式告知可能受影响的单位、区域及人员。

第二十条 危险化学品单位应当依法制定重大危险源事故应急预案，建立应急救援组织或者配备应急救援人员，配备必要的防护装备及应急救援器材、设备、物资，并保障其完好和方便使用；配合地方人民政府安全生产监督管理部门制定所在地区涉及本单位的危险化学品事故应急预案。

对存在吸入性有毒、有害气体的重大危险源，危险化学品单位应当配备便携式浓度检测设备、空气呼吸器、化学防护服、堵漏器材等应急器材和设备；涉及剧毒气体的重大危险源，还应当配备两套以上（含本数）气密型化学防护服；涉及易燃易爆气体或者易燃液体蒸气的重大危险源，还应当配备一定数量的便携式可燃气体检测设备。

第二十一条　危险化学品单位应当制定重大危险源事故应急预案演练计划，并按照下列要求进行事故应急预案演练：

（一）对重大危险源专项应急预案，每年至少进行一次；

（二）对重大危险源现场处置方案，每半年至少进行一次。

应急预案演练结束后，危险化学品单位应当对应急预案演练效果进行评估，撰写应急预案演练评估报告，分析存在的问题，对应急预案提出修订意见，并及时修订完善。

第二十二条　危险化学品单位应当对辨识确认的重大危险源及时、逐项进行登记建档。

重大危险源档案应当包括下列文件、资料：

（一）辨识、分级记录；

（二）重大危险源基本特征表；

（三）涉及的所有化学品安全技术说明书；

（四）区域位置图、平面布置图、工艺流程图和主要设备一览表；

（五）重大危险源安全管理规章制度及安全操作规程；

（六）安全监测监控系统、措施说明、检测检验结果；

（七）重大危险源事故应急预案、评审意见、演练计划和评估报告；

（八）安全评估报告或者安全评价报告；

（九）重大危险源关键装置、重点部位的责任人、责任机构名称；

（十）重大危险源场所安全警示标志的设置情况；

（十一）其他文件、资料。

第二十三条 危险化学品单位在完成重大危险源安全评估报告或者安全评价报告后15日内，应当填写重大危险源备案申请表，连同本规定第二十二条规定的重大危险源档案材料（其中第二款第五项规定的文件资料只需提供清单），报送所在地县级人民政府安全生产监督管理部门备案。

县级人民政府安全生产监督管理部门应当每季度将辖区内的一级、二级重大危险源备案材料报送至设区的市级人民政府安全生产监督管理部门。设区的市级人民政府安全生产监督管理部门应当每半年将辖区内的一级重大危险源备案材料报送至省级人民政府安全生产监督管理部门。

重大危险源出现本规定第十一条所列情形之一的，危险化学品单位应当及时更新档案，并向所在地县级人民政府安全生产监督管理部门重新备案。

第二十四条 危险化学品单位新建、改建和扩建危险化学品建设项目，应当在建设项目竣工验收前完成重大危险源的辨识、安全评估和分级、登记建档工作，并向所在地县级人民政府安全生产监督管理部门备案。

第四章 监督检查

第二十五条 县级人民政府安全生产监督管理部门应当建立健全危险化学品重大危险源管理制度，明确责任人员，加强资料归档。

第二十六条 县级人民政府安全生产监督管理部门应当在每年1月15日前，将辖区内上一年度重大危险源的汇总信息报送至设区的市级人民政府安全生产监督管理部门。设区的市级人民政府安全生产监督管理部门应当在每年1月31日前，将辖区内上一年度重大危险源的汇总信息报送至省级人民政府安全生产监督管理部门。省级人民政府安全生产监督管理部门应当在每年2月15日前，将辖区内上一年度重大危险源的汇总信息报送至国家安全生产监督管理总局。

第二十七条　重大危险源经过安全评价或者安全评估不再构成重大危险源的，危险化学品单位应当向所在地县级人民政府安全生产监督管理部门申请核销。

申请核销重大危险源应当提交下列文件、资料：

（一）载明核销理由的申请书；

（二）单位名称、法定代表人、住所、联系人、联系方式；

（三）安全评价报告或者安全评估报告。

第二十八条　县级人民政府安全生产监督管理部门应当自收到申请核销的文件、资料之日起30日内进行审查，符合条件的，予以核销并出具证明文书；不符合条件的，说明理由并书面告知申请单位。必要时，县级人民政府安全生产监督管理部门应当聘请有关专家进行现场核查。

第二十九条　县级人民政府安全生产监督管理部门应当每季度将辖区内一级、二级重大危险源的核销材料报送至设区的市级人民政府安全生产监督管理部门。设区的市级人民政府安全生产监督管理部门应当每半年将辖区内一级重大危险源的核销材料报送至省级人民政府安全生产监督管理部门。

第三十条　县级以上地方各级人民政府安全生产监督管理部门应当加强对存在重大危险源的危险化学品单位的监督检查，督促危险化学品单位做好重大危险源的辨识、安全评估及分级、登记建档、备案、监测监控、事故应急预案编制、核销和安全管理工作。

首次对重大危险源的监督检查应当包括下列主要内容：

（一）重大危险源的运行情况、安全管理规章制度及安全操作规程制定和落实情况；

（二）重大危险源的辨识、分级、安全评估、登记建档、备案情况；

（三）重大危险源的监测监控情况；

（四）重大危险源安全设施和安全监测监控系统的检测、检验以及维护保养情况；

（五）重大危险源事故应急预案的编制、评审、备案、修订和演练情况；

（六）有关从业人员的安全培训教育情况；

（七）安全标志设置情况；

（八）应急救援器材、设备、物资配备情况；

（九）预防和控制事故措施的落实情况。

安全生产监督管理部门在监督检查中发现重大危险源存在事故隐患的，应当责令立即排除；重大事故隐患排除前或者排除过程中无法保证安全的，应当责令从危险区域内撤出作业人员，责令暂时停产停业或者停止使用；重大事故隐患排除后，经安全生产监督管理部门审查同意，方可恢复生产经营和使用。

第三十一条　县级以上地方各级人民政府安全生产监督管理部门应当会同本级人民政府有关部门，加强对工业（化工）园区等重大危险源集中区域的监督检查，确保重大危险源与周边单位、居民区、人员密集场所等重要目标和敏感场所之间保持适当的安全距离。

第五章　法 律 责 任

第三十二条　危险化学品单位有下列行为之一的，由县级以上人民政府安全生产监督管理部门责令限期改正；逾期未改正的，责令停产停业整顿，可以并处 2 万元以上 10 万元以下的罚款：

（一）未按照本规定要求对重大危险源进行安全评估或者安全评价的；

（二）未按照本规定要求对重大危险源进行登记建档的；

（三）未按照本规定及相关标准要求对重大危险源进行安全监测监控的；

（四）未制定重大危险源事故应急预案的。

第三十三条　危险化学品单位有下列行为之一的，由县级以上人民政府安全生产监督管理部门责令限期改正；逾期未改正的，责令停产停业整顿，并处5万元以下的罚款：

（一）未在构成重大危险源的场所设置明显的安全警示标志的；

（二）未对重大危险源中的设备、设施等进行定期检测、检验的。

第三十四条　危险化学品单位有下列情形之一的，由县级以上人民政府安全生产监督管理部门给予警告，可以并处5 000元以上3万元以下的罚款：

（一）未按照标准对重大危险源进行辨识的；

（二）未按照本规定明确重大危险源中关键装置、重点部位的责任人或者责任机构的；

（三）未按照本规定建立应急救援组织或者配备应急救援人员，以及配备必要的防护装备及器材、设备、物资，并保障其完好的；

（四）未按照本规定进行重大危险源备案或者核销的；

（五）未将重大危险源可能引发的事故后果、应急措施等信息告知可能受影响的单位、区域及人员的；

（六）未按照本规定要求开展重大危险源事故应急预案演练的；

（七）未按照本规定对重大危险源的安全生产状况进行定期检查，采取措施消除事故隐患的。

第三十五条　承担检测、检验、安全评价工作的机构，出具虚假证明，构成犯罪的，依照刑法有关规定追究刑事责任；尚不够刑事处罚的，由县级以上人民政府安全生产监督管理部门没收违法所得；违法所得在5 000元以上的，并处违法所得2倍以上5倍以下的罚款；没有违法所得或者违法所得不足5 000元的，单处或者并处5 000元以上2万元以下的罚款；同时可对其直接负责的主管人员和其他直接责任人员处5 000元以上5万元以下的罚款；给他人造成损害的，与危险化学品单位承担连带赔偿责任。

对有前款违法行为的机构，撤销其相应资格。

第六章　附　　则

第三十六条　本规定自2011年12月1日起施行。

六、《国务院办公厅关于在重点行业和领域开展安全生产隐患排查治理专项行动的通知》

一、工作目标

通过开展隐患排查治理专项行动，进一步落实企业的安全生产主体责任和地方人民政府的安全监管主体责任，全面排查治理事故隐患和薄弱环节，认真解决存在的突出问题，建立重大危险源监控机制和重大隐患排查治理机制及分级管理制度，有效防范和遏制重特大事故的发生，促进全国安全生产状况进一步稳定好转。

二、对象和范围

本次隐患排查治理专项行动的对象和范围为高危行业等重点行业和领域的各类生产经营单位，主要包括：煤矿、金属非金属矿山、石油、化工、烟花爆竹、冶金、有色、建筑施工、民爆器材、电力等工矿企业，道路交通、水运、铁路、民航等交通运输企业，渔业、农机、水利等单位，人员密集场所，以及其他行业和领域近年来发生重特大事故的单位。同时，通过对安全生产隐患排查治理，进一步检查地方各级人民政府的安全监管责任落实情况和打击非法建设、生产和经营的情况。

三、实施步骤

本次安全生产隐患排查治理专项行动分五个阶段进行：

（一）安排部署阶段：根据国务院领导同志4月20日在全国煤矿瓦斯防治工作电视电话会议上对开展安全生产检查和专项督查工作作出的重要部署，以及本通知精神，安全监管、公安、交通、建设、铁路、民航、电力、国土资源、国防科工、农业、水利、教育和国资委等部门要抓紧制订各重点行业和领域隐患排查治理专项行动的具体指导意见，并报国务院安全生产委员会办公室汇总后于5月20日前统一下发。地方各级人民政府根据本通知精神和国务院各有关部门制订的指导意见，结合本地区实际，于5月底前，研究制订开展安全生产隐患排查治理专项行动的工作方案，并督促企业认真落实。

（二）企业自查自改阶段：7月底以前，各类生产经营单位按照有关要求，深刻吸取本企业和其他同类企业以往发生的事故教训，结合实际制订具体方案，认真开展自查，全面治理事故隐患，一时难以治理的要列入计划，落实资金和责任，限期整改，并制订应急预案，加强监控。企业要将排查治理情况按照监管关系及时上报地方人民政府及安全监管和行业主管部门。在此期间，各级安全监管部门和有关行业主管部门要对企业的自查自改工作加强指导和监督检查。

（三）地方政府督促检查阶段：7月至8月，地方各级人民政府要组成由政府分管领导、安全监管部门和有关部门参加的督查组，对本行政区域开展安全生产隐患排查治理工作情况进行督促检查。主要内容包括：一是查企业安全生产主体责任落实情况；二是查隐患排查治理工作到位情况、存在的问题和应急措施制订情况；三是查企业安全生产投入和隐患治理资金落实情况；四是查已发生的事故按照“四不放过”的原则处理情况；五是查地方政府组织打击非法建设、生产和经营情况。各市（地）、县（市）、乡（镇）要在7月底前，各省（区、市）要在8月20日前，完成对本行政区域企业安全生产隐患排查治理工作的督促检查，并由省级人民政府将有关情况报国务院安全生产委员会办公室。

（四）国务院安全生产委员会督查阶段：8月下旬至9月中旬，国务院安全生产委员会组织由有关部门参加的联合督查组（包括综合组和专业组），对地方人民政府开展隐患排查治理专项行动以及打击非法建设、生产和经营情况进行督查。综合组主要督查各地区开展专项行动的总体情况及工矿商贸等行业领域专项行动开展情况，督查内容包括：地方人民政府开展隐患排查治理专项行动的工作部署和贯彻落实情况；本行政区域内的重大隐患排查治理监控情况；安全生产治本之策落实情况，以及是否结合本地区实际情况制订了相关政策措施；煤矿“两个攻坚战”和金属非金属矿山、石油、化工、烟花爆竹、冶金、有色、建筑施工、民爆器材、渔业、农机等重点领域专项治理工作进展情况；重大事故及瞒报事故的查处情况等。专业组主要督促检查道路交通、铁路、水上交通、民航、电力、消防、水利等行业领域以及中央企业的专项行动开展情况。

（五）各单位“回头看”再检查阶段：为巩固隐患排查治理专项行动成果，确保取得实效，在第四季度组织开展“回头看”再检查。主要检查企业和地方政府对排查出的重大隐患是否治理到位，隐患排查监管机制是否建立健全等。

四、工作要求

（一）加强领导，落实责任。本次安全生产隐患排查治理专项行动由地方各级人民政府统一领导，安全监管监察等各有关部门要密切配合。要结合本地区、本行业、本领域的实际，制订切实可行的工作方案，并明确分工，明确责任，狠抓落实。要认真落实政府行政首长负责制和企业法定代表人负责制。各地区要采取措施将本通知和国务院有关部门制订的指导意见以及本地区的安排部署，落实到重点行业领域的每个生产经营单位和其他相关单位，不留死角。

（二）突出重点，强化督导。隐患排查治理专项行动要突出高危行业等重点行业和领域的重点企业。地方各级人民政府及其安全监管等有关部门要加强督促、检查和指导。要认真贯彻落实“安全第一、预防为主、综合治理”的方针，加大安全投入，加快安全技术改造，淘汰落后生产能力，提高企业的安全生产管理水平，增强事故防范能力。要把这次隐患排查治理行动与煤矿瓦斯治理、整顿关闭两个攻坚战及其他重点行业和领域的专项整治工作相结合，全面强化安全生产基础。

（三）广泛发动，群防群治。要充分依靠和发动广大从业人员参与隐患排查治理工作。各类生产经营单位要紧紧依靠技术管理人员和岗位员工，调动职工群众的积极性，发挥他们对安全生产的知情权、参与权和监督权，组织职工全面细致地查找各种事故隐患，积极主动地参加隐患治理。

（四）立足当前，着眼长远。各地区要以这次隐患排查治理专项行动为契机，推动重大危险源监督管理工作和事故隐患排查治理工作的深入开展，既要切实消除当前严重威胁安全生产的突出隐患，又要落实治本之策，加强制度建设，建立安全生产的长效机制。

（五）广泛宣传，舆论监督。要充分利用广播、电视、报纸等各种媒体广泛宣传这次隐患排查治理专项行动，加大舆论监督和群众监督力度，对排查治理走过场的单位要予以曝光。各地区、各有关部门对举报的事故隐患要认真进行核查，督促落实整改，并对隐患举报人进行奖励。要大力宣传隐患排查治理和安全生产工作中的先进典型与经验，普及安全生产知识，促进安全生产工作。

七、《国务院办公厅关于进一步开展安全生产隐患排查治理工作的通知》

一、工作目标

在2007年开展隐患排查治理专项行动的基础上，全面排查治理各地区、各行业领域事故隐患，狠抓隐患整改工作，进一步深化重点行业领域安全专项整治，推动安全生产责任制和责任追究制的落实，完善安全生产规章制度，建立健全隐患排查治理及重大危险源监控的长效机制，强化安全生产基础，提高安全管理水平，为实现到2010年安全生产状况明显好转的目标奠定坚实基础。

二、范围、内容和方式

（一）排查治理范围：各地区、各行业（领域）的全部生产经营单位。主要包括：

1. 煤矿、金属和非金属矿山、冶金、有色、石油、化工、烟花爆竹、建筑施工、民爆器材、电力等工矿企业及其生产、储运等各类设备设施；

2. 道路交通、水运、铁路、民航等行业（领域）的企业、单位、站点、场所及设施，以及城市基础设施等；

3. 渔业、农机、水利等行业（领域）的企业、单位、场所及设施；

4. 商（市）场、公共娱乐场所（含水上游览场所）、旅游景点、学校、医院、宾馆、饭店、网吧、公园、劳动密集型企业等人员密集场所；

5. 锅炉、压力容器、压力管道、电梯、起重机械、客运索道、大型游乐设施、厂（场）内机动车辆等特种设备；

6. 易受台风、风暴潮、暴雨、洪水、暴雪、雷电、泥石流、山体滑坡等自然灾害影响的企业、单位和场所；

7. 近年来发生较大以上事故的单位。

（二）排查治理内容：在继续落实 2007 年隐患排查治理专项行动有关指导意见的基础上，全面排查治理各生产经营单位及其工艺系统、基础设施、技术装备、作业环境、防控手段等方面存在的隐患，以及安全生产体制机制、制度建设、安全管理组织体系、责任落实、劳动纪律、现场管理、事故查处等方面存在的薄弱环节。具体包括：

1. 安全生产法律法规、规章制度、规程标准的贯彻执行情况；

2. 安全生产责任制建立及落实情况；

3. 高危行业安全生产费用提取使用、安全生产风险抵押金交纳等经济政策的执行情况；

4. 企业安全生产重要设施、装备和关键设备、装置的完好状况及日常管理维护、保养情况，劳动防护用品的配备和使用情况；

5. 危险性较大的特种设备和危险物品的存储容器、运输工具的完好状况及检测检验情况；

6. 对存在较大危险因素的生产经营场所以及重点环节、部位重大危险源普查建档、风险辨识、监控预警制度的建设及措施落实情况；

7. 事故报告、处理及对有关责任人的责任追究情况；

8. 安全基础工作及教育培训情况，特别是企业主要负责人、安全管理人员和特种作业人员的持证上岗情况和生产一线职工（包括农民工）的教育培训情况，以及劳动组织、用工等情况；

9. 应急预案制定、演练和应急救援物资、设备配备及维护情况；

10. 新建、改建、扩建工程项目的安全“三同时”（安全设施与主体工程同时设计、同时施工、同时投产和使用）执行情况；

11. 道路设计、建设、维护及交通安全设施设置等情况；

12. 对企业周边或作业过程中存在的易由自然灾害引发事故灾难的危险点排查、防范和治理情况等。

同时，通过对安全生产隐患排查治理，进一步检查地方各级人民政府及有关部门落实监管责任，打击非法建设、生产、经营行为，事故查处及责任追究落实，有关政策措施制定和执行，安全许可制度实施，长效机制建设等方面的情况。

（三）排查治理方式。隐患排查治理工作要做到“四个结合”：

1. 坚持把隐患排查治理工作与深化煤矿瓦斯治理、整顿关闭工作以及各重点行业（领域）安全专项整治结合起来，狠抓薄弱环节，解决影响安全生产的突出矛盾和问题；

2. 坚持与日常安全监管监察执法结合起来，严格安全生产许可，加大打“三非”（非法建设、生产、经营）、反“三违”（违章指挥、违章作业、违反劳动纪律）、治“三超”（生产企业超能力、超强度、超定员，运输企业超载、超限、超负荷）工作力度，消除隐患滋生根源；

3. 坚持与加强企业安全管理和技术进步结合起来，强化安全标准化建设和现场管理，加大安全投入，推进安全技术改造，夯实安全管理基础；

4. 坚持与加强应急管理结合起来，建立健全应急管理制度，完善事故应急救援预案体系，落实隐患治理责任与监控措施，严防整治期间发生事故。

三、重点时段

第一时段（2 月至 4 月）：围绕确保全国“两会”期间安全生产，做好排查治理和监督检查工作。

1. 抓紧整改 2007 年隐患排查治理专项行动中排查出的重大隐患，凡能够在短期内完成整改的，务必于 3 月底前整改到位；暂时难以完成整改的，也要列出计划，做到责任、措施、资金、时间、预案五落实，并加强监控。

2. 认真贯彻落实党中央、国务院有关抗灾救灾工作的重要指示，针对低温雨雪冰冻等极端天气以及冬春季节用煤用电增加、春运高峰等因素，认真组织好煤矿、运输、电力等企业的安全生产，加强监督检查，严格安全管理，打“三非”、反“三违”、治“三超”，严密防范重特大事故。

3. 严把节日放假停产检修煤矿复产安全验收关，严禁停产煤矿未经验收批准擅自恢复生产，严防已关闭煤矿死灰复燃。特别要针对南方部分煤矿受灾停产造成瓦斯积聚、积水、供电不正常等突出问题，督促复产煤矿严格执行安全规程，严防事故发生。

严厉打击非法生产经营烟花爆竹行为，加强对人员密集场所的安全检查，消除火灾等重大隐患，全面排查治理交通运输方面的隐患，确保春运安全。

第二时段（5 月至 9 月）：围绕汛期和北京“奥运会”安全做好隐患排查治理工作。

1. 针对这一时期台风、暴雨、洪水、森林火灾等自然灾害多发频发的特点，把煤矿、金属和非金属矿山、隧道和其他地下设施，存在山体滑坡、垮塌、泥石流威胁的露天采场和建筑施工工地，存在溃坝溃堤危险的病险水库、河流、尾矿库等作为排查治理的重点，建立健全自然灾害预报、预警、预防和应急救援体系，落实防洪防汛、防坍塌、防泥石流、防火等各项措施，严防引发事故灾难。对排查出的隐患，要加快治理和除险加固进度，确保汛期到来前整改到位，因工程或其他原因无法完成的，要加强监测，制定预案。

2. 以煤矿、金属和非金属矿山、危险化学品、建筑施工、道路和水上交通、特种设备等夏季事故易发的行业领域为重点，抓住容易引发事故的重大隐患，加大治理力度。煤矿要重点防瓦斯、防透水，金属和非金属矿山要防冒顶、防爆破伤害，化工厂、加油站、危险物品运输要防火防爆、防泄漏防中毒，建筑施工要防坍塌垮塌，道路交通要防超载超限超速，水上交通要防碰撞防泄漏。

3. 加强对奥运场馆、设施设备、代表团驻地以及宾馆饭店、商（市）场、旅游景点和各类交通运输工具的安全检查和隐患排查，发现问题，立即采取措施，妥善加以解决和整改，为“奥运会”的成功举办创造安全稳定的社会环境。

第三时段（10 月至 12 月）：针对第四季度赶任务、抢工期现象增多和冬季雨、雾、冰、雪天气多发的特点，深入推进隐患治理，防范遏制重特大事故。

1. 坚决查处生产企业和交通运输企业的“三超”行为，加大对无证勘查开采、以采代探、以掘代采、超层越界开采等违法违规行为的打击力度。加大打击非法生产销售火工品、烟花爆竹等的力度。

2. 指导督促各生产经营单位做好冬季安全生产工作，认真排查整改各类事故隐患，落实防火、防爆、防尘、防静电、防寒风大潮、防冰雪灾害、防冻裂泄漏，以及道路和水上交通防滑、防雾、防碰撞等措施。

3. 认真总结隐患排查治理工作成果和经验教训，提出改进措施和要求，健全企业、政府两个层面的重大隐患排查治理及重大危险源监控制度，使隐患排查治理实现制度化、规范化、经常化。

四、工作要求

（一）加强领导，精心组织。地方各级人民政府要切实加强对安全生产隐患排查治理工作的组织领导，安全监管监察等各有关部门要密切配合、加强指导。各地区、各部门、各单位要建立和落实隐患排查治理责任制，特别要全面落实地方各级政府行政首长和企业法定代表人负责制，健全工作机制，确定牵头部门，明确职责分工，周密部署，精心组织，全力抓好此项工作。国务院各相关部门要根据本通知精神，迅速制定下发具体实施意见；各省（区、市）要在2月底前对这项工作做出具体部署，贯彻落实到基层。各生产经营单位要切实负起隐患排查治理的主体责任，企业法定代表人负总责，组织开展本单位隐患排查治理工作，落实整改资金和责任，制订隐患监控措施，限期整改到位，并及时向当地政府及主管部门报告。

（二）突出重点，全面排查治理各类隐患。隐患排查治理要突出四个重点，即煤矿、金属和非金属矿山、交通运输、建筑施工、危险化学品、特种设备、人员密集场所等重点行业领域；事故多发、易发的重点地区；安全管理基础薄弱的重点企业；全国“两会”、汛期、“奥运会”期间、第四季度等重点时段，切实加大工作力度，坚决遏制重特大事故的发生。同时，要组织对各地区、各行业领域、各生产经营单位的安全隐患进行全面排查治理，做到排查不留死角，整改不留后患。

（三）强化监督检查，确保取得实效。地方各级人民政府及负有安全监管职责的各部门要切实加强对隐患排查治理工作的监督检查和指导，安全生产综合监管部门要统筹协调好联合督查行动，进一步完善工作方案和相关制度措施，规范监督检查的方法和程序，采取巡检、抽检、互检等方式，深入基层和生产一线加强督促指导。

要建立重大隐患公告公示、挂牌督办、跟踪治理和逐项整改销号制度，强化行政执法，严厉打击非法违法建设、生产、经营等行为，对不具备安全生产条件且难以整改到位的企业，依法予以关闭取缔。对因隐患排查治理工作不力而引发事故的，要依法查处，严肃追究责任。

（四）加强舆论宣传，广泛发动职工群众。要充分利用广播、电视、报纸、互联网等媒体，加大对隐患排查治理工作的宣传力度，以“治理隐患、防范事故”为主题，组织开展好“安全生产月”和“安全万里行”活动。要通过各种途径教育引导各类生产经营企业和相关单位，深刻认识开展安全生产“隐患治理年”的重要性、必要性和紧迫性，增强做好隐患治理工作的主动性和自觉性，落实企业的主体责任。要充分依靠和发动广大从业人员参与隐患排查治理工作，建立监督和激励机制，组织职工特别是专业技术人员全面认真细致地查找各种事故隐患。对隐患排查治理不认真、走过场的单位要予以公开曝光。

（五）标本兼治，着力构建安全生产长效机制。各地区、各部门、各单位要以隐患排查治理为契机，不断加强和规范安全管理与监督。要切实加强隐患排查治理的信息统计，建立健全隐患排查治理信息报送制度和隐患数据库，加强隐患排查治理的基础工作。建立健全隐患排查治理分级管理和重大危险源分级监控制度，实现隐患登记、整改、销号的全过程管理。要认真分析近年来的典型事故案例，深刻吸取教训，举一反三，推动隐患排查治理工作，预防和杜绝同类事故的发生。要全面落实各项安全生产治本之策，加快解决影响安全生产的深层次矛盾和问题，建立安全生产的长效机制。

八、《安全生产事故隐患排查治理暂行规定》

第一章　总　　则

第一条　为了建立安全生产事故隐患排查治理长效机制，强化安全生产主体责任，加强事故隐患监督管理，防止和减少事故，保障人民群众生命财产安全，根据安全生产法等法律、行政法规，制定本规定。

第二条 生产经营单位安全生产事故隐患排查治理和安全生产监督管理部门、煤矿安全监察机构（以下统称安全监管监察部门）实施监管监察，适用本规定。

有关法律、行政法规对安全生产事故隐患排查治理另有规定的，依照其规定。

第三条 本规定所称安全生产事故隐患（以下简称事故隐患），是指生产经营单位违反安全生产法律、法规、规章、标准、规程和安全生产管理制度的规定，或者因其他因素在生产经营活动中存在可能导致事故发生的物的危险状态、人的不安全行为和管理上的缺陷。

事故隐患分为一般事故隐患和重大事故隐患。一般事故隐患，是指危害和整改难度较小，发现后能够立即整改排除的隐患。重大事故隐患，是指危害和整改难度较大，应当全部或者局部停产停业，并经过一定时间整改治理方能排除的隐患，或者因外部因素影响致使生产经营单位自身难以排除的隐患。

第四条 生产经营单位应当建立健全事故隐患排查治理制度。

生产经营单位主要负责人对本单位事故隐患排查治理工作全面负责。

第五条 各级安全监管监察部门按照职责对所辖区域内生产经营单位排查治理事故隐患工作依法实施综合监督管理；各级人民政府有关部门在各自职责范围内对生产经营单位排查治理事故隐患工作依法实施监督管理。

第六条 任何单位和个人发现事故隐患，均有权向安全监管监察部门和有关部门报告。

安全监管监察部门接到事故隐患报告后，应当按照职责分工立即组织核实并予以查处；发现所报告事故隐患应当由其他有关部门处理的，应当立即移送有关部门并记录备查。

第二章　生产经营单位的职责

第七条　生产经营单位应当依照法律、法规、规章、标准和规程的要求从事生产经营活动。严禁非法从事生产经营活动。

第八条　生产经营单位是事故隐患排查、治理和防控的责任主体。

生产经营单位应当建立健全事故隐患排查治理和建档监控等制度，逐级建立并落实从主要负责人到每个从业人员的隐患排查治理和监控责任制。

第九条　生产经营单位应当保证事故隐患排查治理所需的资金，建立资金使用专项制度。

第十条　生产经营单位应当定期组织安全生产管理人员、工程技术人员和其他相关人员排查本单位的事故隐患。对排查出的事故隐患，应当按照事故隐患的等级进行登记，建立事故隐患信息档案，并按照职责分工实施监控治理。

第十一条　生产经营单位应当建立事故隐患报告和举报奖励制度，鼓励、发动职工发现和排除事故隐患，鼓励社会公众举报。对发现、排除和举报事故隐患的有功人员，应当给予物质奖励和表彰。

第十二条　生产经营单位将生产经营项目、场所、设备发包、出租的，应当与承包、承租单位签订安全生产管理协议，并在协议中明确各方对事故隐患排查、治理和防控的管理职责。生产经营单位对承包、承租单位的事故隐患排查治理负有统一协调和监督管理的职责。

第十三条　安全监管监察部门和有关部门的监督检查人员依法履行事故隐患监督检查职责时，生产经营单位应当积极配合，不得拒绝和阻挠。

第十四条　生产经营单位应当每季、每年对本单位事故隐患排查治理情况进行统计分析，并分别于下一季度15日前和下一年1月31日前向安全监管监察部门和有关部门报送书面统计分析表。统计分析表应当由生产经营单位主要负责人签字。

对于重大事故隐患，生产经营单位除依照前款规定报送外，应当及时向安全监管监察部门和有关部门报告。重大事故隐患报告内容应当包括：

（一）隐患的现状及其产生原因；

（二）隐患的危害程度和整改难易程度分析；

（三）隐患的治理方案。

第十五条 对于一般事故隐患，由生产经营单位（车间、分厂、区队等）负责人或者有关人员立即组织整改。

对于重大事故隐患，由生产经营单位主要负责人组织制定并实施事故隐患治理方案。重大事故隐患治理方案应当包括以下内容：

（一）治理的目标和任务；

（二）采取的方法和措施；

（三）经费和物资的落实；

（四）负责治理的机构和人员；

（五）治理的时限和要求；

（六）安全措施和应急预案。

第十六条 生产经营单位在事故隐患治理过程中，应当采取相应的安全防范措施，防止事故发生。事故隐患排除前或者排除过程中无法保证安全的，应当从危险区域内撤出作业人员，并疏散可能危及的其他人员，设置警戒标志，暂时停产停业或者停止使用；对暂时难以停产或者停止使用的相关生产储存装置、设施、设备，应当加强维护和保养，防止事故发生。

第十七条 生产经营单位应当加强对自然灾害的预防。对于因自然灾害可能导致事故灾难的隐患，应当按照有关法律、法规、标准和本规定的要求排查治理，采取可靠的预防措施，制定应急预案。

在接到有关自然灾害预报时，应当及时向下属单位发出预警通知；发生自然灾害可能危及生产经营单位和人员安全的情况时，应当采取撤离人员、停止作业、加强监测等安全措施，并及时向当地人民政府及其有关部门报告。

第十八条　地方人民政府或者安全监管监察部门及有关部门挂牌督办并责令全部或者局部停产停业治理的重大事故隐患，治理工作结束后，有条件的生产经营单位应当组织本单位的技术人员和专家对重大事故隐患的治理情况进行评估；其他生产经营单位应当委托具备相应资质的安全评价机构对重大事故隐患的治理情况进行评估。

经治理后符合安全生产条件的，生产经营单位应当向安全监管监察部门和有关部门提出恢复生产的书面申请，经安全监管监察部门和有关部门审查同意后，方可恢复生产经营。申请报告应当包括治理方案的内容、项目和安全评价机构出具的评价报告等。

第三章　监督管理

第十九条　安全监管监察部门应当指导、监督生产经营单位按照有关法律、法规、规章、标准和规程的要求，建立健全事故隐患排查治理等各项制度。

第二十条　安全监管监察部门应当建立事故隐患排查治理监督检查制度，定期组织对生产经营单位事故隐患排查治理情况开展监督检查；应当加强对重点单位的事故隐患排查治理情况的监督检查。对检查过程中发现的重大事故隐患，应当下达整改指令书，并建立信息管理台账。必要时，报告同级人民政府并对重大事故隐患实行挂牌督办。

安全监管监察部门应当配合有关部门做好对生产经营单位事故隐患排查治理情况开展的监督检查，依法查处事故隐患排查治理的非法和违法行为及其责任者。

安全监管监察部门发现属于其他有关部门职责范围内的重大事

故隐患的，应该及时将有关资料移送有管辖权的有关部门，并记录备查。

第二十一条　已经取得安全生产许可证的生产经营单位，在其被挂牌督办的重大事故隐患治理结束前，安全监管监察部门应当加强监督检查。必要时，可以提请原许可证颁发机关依法暂扣其安全生产许可证。

第二十二条　安全监管监察部门应当会同有关部门把重大事故隐患整改纳入重点行业领域的安全专项整治中加以治理，落实相应责任。

第二十三条　对挂牌督办并采取全部或者局部停产停业治理的重大事故隐患，安全监管监察部门收到生产经营单位恢复生产的申请报告后，应当在10日内进行现场审查。审查合格的，对事故隐患进行核销，同意恢复生产经营；审查不合格的，依法责令改正或者下达停产整改指令。对整改无望或者生产经营单位拒不执行整改指令的，依法实施行政处罚；不具备安全生产条件的，依法提请县级以上人民政府按照国务院规定的权限予以关闭。

第二十四条　安全监管监察部门应当每季将本行政区域重大事故隐患的排查治理情况和统计分析表逐级报至省级安全监管监察部门备案。

省级安全监管监察部门应当每半年将本行政区域重大事故隐患的排查治理情况和统计分析表报国家安全生产监督管理总局备案。

第四章　罚　　则

第二十五条　生产经营单位及其主要负责人未履行事故隐患排查治理职责，导致发生生产安全事故的，依法给予行政处罚。

第二十六条　生产经营单位违反本规定，有下列行为之一的，由安全监管监察部门给予警告，并处三万元以下的罚款：

（一）未建立安全生产事故隐患排查治理等各项制度的；

（二）未按规定上报事故隐患排查治理统计分析表的；

（三）未制定事故隐患治理方案的；

（四）重大事故隐患不报或者未及时报告的；

（五）未对事故隐患进行排查治理擅自生产经营的；

（六）整改不合格或者未经安全监管监察部门审查同意擅自恢复生产经营的。

第二十七条　承担检测检验、安全评价的中介机构，出具虚假评价证明，尚不够刑事处罚的，没收违法所得，违法所得在五千元以上的，并处违法所得二倍以上五倍以下的罚款，没有违法所得或者违法所得不足五千元的，单处或者并处五千元以上二万元以下的罚款，同时可对其直接负责的主管人员和其他直接责任人员处五千元以上五万元以下的罚款；给他人造成损害的，与生产经营单位承担连带赔偿责任。

对有前款违法行为的机构，撤销其相应的资质。

第二十八条　生产经营单位事故隐患排查治理过程中违反有关安全生产法律、法规、规章、标准和规程规定的，依法给予行政处罚。

第二十九条　安全监管监察部门的工作人员未依法履行职责的，按照有关规定处理。

第五章　附　　则

第三十条　省级安全监管监察部门可以根据本规定，制定事故隐患排查治理和监督管理实施细则。

第三十一条　事业单位、人民团体以及其他经济组织的事故隐患排查治理，参照本规定执行。

第三十二条　本规定自 2008 年 2 月 1 日起施行。

第五章　制定、实施事故应急预案的责任

第一节　事故应急预案及其内容

一、什么是事故应急预案

1. 事故应急预案及其作用

制定事故应急预案是贯彻落实“安全第一，预防为主，综合治理”方针，提高应对风险和防范事故的能力，保障职工安全健康和公众生命安全，最大限度地减少财产损失、环境损害和社会影响的重要措施。

事故应急预案在应急系统中起着关键作用，它明确了在突发事件发生之前、发生过程中以及刚刚结束之后，谁负责做什么、何时做，以及相应的策略和资源准备等。它是针对可能发生的重大事故及其影响和后果的严重程度，为应急准备和应急响应的各个方面所预先作出的详细安排，是开展及时、有序和有效事故应急救援工作的行动指南。

应急预案在应急救援中的突出作用和重要地位体现在：

(1) 应急预案明确了应急救援的范围和体系，使应急准备和应急管理不再是无据可依、无章可循，尤其是对培训和演习工作的开展提供了指导。

(2) 制定应急预案有利于作出及时的应急响应，减小生产安全事故造成的损害。

(3) 应急预案是各类生产安全事故的应急基础。通过编制基本应急预案，可保证应急预案足够的灵活性，对那些事先无法预料到的突发事件或事故，也可以起到基本的应急指导作用，成为开展应

急救援的“底线”。在此基础上，可以针对特定危害编制专项应急预案，有针对性地制定应急措施，进行专项应急准备和演习。

（4）当发生超过应急能力的重大生产安全事故时，便于与上级应急部门协调。

（5）有利于提高风险防范意识。

2. 事故应急预案的基本要求

（1）科学性。生产安全事故的应急工作是一项科学性很强的工作，制定预案也必须以科学的态度，在全面调查研究的基础上，开展科学分析和论证，编制出严密、统一、完整的应急反应方案，使预案真正具有科学性。

（2）实用性。应急预案应符合生产安全事故现场和当地的客观情况，具有适用性、实用性和针对性，便于操作。

（3）权威性。救援工作是一项在紧急状态下实施的应急性工作，所制定的应急预案应明确救援工作的管理体系、救援行动的组织指挥权限以及各级救援组织的职责和任务等一系列的行政性管理规定，保证救援工作的统一指挥。应急预案还须经上级部门批准后方能实施，保证预案具有一定的权威性。

二、事故应急预案的种类

1. 按照责任主体分类

从行政层面上，根据生产安全事故可能造成的后果影响范围、地点及应急方式，建立我国事故应急救援体系，可将应急预案分为以下五个级别：

（1）企业级应急预案。这类事件的有害影响局限在一个单位的界区之内，并且可被现场操作者遏制和控制在该区域内。这类事故可能需要投入整个单位的力量来控制，但其影响预计不会扩大到社区或公共区域。

（2）县/区级应急预案。这类事件所涉及的影响可扩大到公共区域（社区），但可被该县（市、区）或社区的力量，加上所涉及的工厂或工业部门的力量所控制。

（3）市/地级应急预案。这类事件影响范围大、后果严重，或是发生在两个县或县级市管辖区边界上的事故。应急救援需动用地区的力量。

（4）省级应急预案。对可能发生的特大火灾、爆炸、毒物泄漏事故，特大危险品运输事故以及属省级特大事故隐患、省级重大危险源，应建立省级应急预案。这可能是一种规模极大的灾难事故，也可能是一种需要用事故发生的城市或地区所没有的特殊技术和设备进行处理的特殊事故。这类事故需动用全省范围内的力量来控制。

（5）国家级应急预案。对生产安全事故后果超过省、直辖市、自治区边界或事故应急处理能力，以及列为国家级事故隐患、重大危险源的设施或场所，或《国家生产安全事故应急预案》明确划分的特别重大和重大安全生产事件，需要国家统一协调、指导和响应的突发事件，应制定国家级应急预案。

《国家突发公共事件总体应急预案》是全国应急预案体系的总纲，规定了国务院应对重大突发公共事件的工作原则、组织体系和运行机制，对于指导地方各级政府和各部门有效处置突发公共事件、保障公众生命财产安全、减少灾害损失，具有重要作用。根据突发公共事件的发生过程、性质和机理，政府预案将突发公共事件分为自然灾害、事故灾难、突发公共卫生事件和突发社会安全事件四大类。

2. 按功能与目标分类

应急预案根据功能与目标可以划分为四种类型：综合预案、专项预案、现场预案和单项应急救援方案。

一般来说，综合预案是总体、全面的预案，以场外指挥与集中指挥为主，侧重于应急救援活动的组织协调。一般大型企业或行业集团下设很多分公司，比较适合编制此类预案，可以做到统一指挥和资源的最大利用。

专项预案主要是针对某种特有和具体的事故灾难风险（灾害种类），如地震、重大工业事故、流域重大水体污染事故等，采取综合性与专业性的减灾、防灾、救灾和灾后恢复行动。

现场预案是以现场设施或活动为具体目标所制定和实施的应急预案，如针对某一重大工业危险源、特大工程项目的施工现场或拟组织的一项大规模公众集聚活动进行应急预案处理。现场预案编制要有针对性，内容具体、细致、严密。

单项应急救援方案主要是针对一些单项、突发的紧急情况所设计的具体行动计划。一般是针对临时性的工程或活动，这些活动不是日常生产过程中的活动，也不是规律性的活动，但这类作业活动由于其临时性或发生的概率很小，故其潜在危险性常常被忽视。

三、事故应急预案的主要内容

应急救援是为预防、控制和消除环境污染事故对人们生命、财产和环境造成重大损害所采取的救援行动，应急预案则是开展应急救援工作的行动计划和实施指南。应急预案实际上是一个透明和标准化的反应程序，使应急救援工作能按照预先周密的计划和最有效的实施步骤有条不紊地进行。这些计划和步骤是快速响应和应急救援的基本保证。

应急预案是应急救援体系的重要组成部分，应该具有完整的系统设计、标准化的文本文件、行之有效的操作程序和持续改进的运行机制。

无论哪一种应急预案，其基本结构均可采用“1＋4”的结构模式，即一个基本预案加上应急功能设置、特殊风险预案、应急标准操作程序和支持附件四个分预案，如图 5—1 所示。

1. 基本预案

基本预案也称领导预案，是对应急反应组织机构和政策方针的

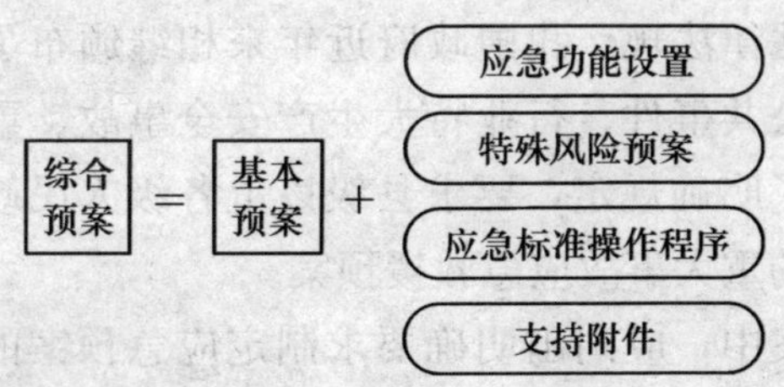

图 5—1 应急预案“1+4”结构模式

综述，还包括应急行动的总体思路和法律依据，指定和确认各部门在应急预案中的责任与行动内容。其主要内容包括：最高行政领导承诺、发布令、基本方针政策、主要分工职责、任务与目标、基本应急程序等。基本预案一般是对公众发布的文件。

基本预案可以使政府和企业高层领导从总体上把握本行政区域或行业系统针对突发事件应急的有关情况，了解应急准备情况，同时也为制定其他应急预案，如应急标准操作程序、应急功能设置等提供框架和指导。基本预案包括以下 12 项内容：

（1）预案发布令。组织或机构第一负责人应为预案签署发布令，援引国家、地方、上级部门相应法律和规章的规定，宣布应急预案生效。其目的是要明确实施应急预案的合法授权，保证应急预案的权威性。

在预案发布令中，组织或机构第一负责人应表明其对应急管理和应急救援工作的支持，并督促各应急部门完善内部应急响应机制，制定应急标准操作程序，积极参与培训、演习和预案编制与更新等。

（2）应急机构署名页。在应急预案中，可以包括各有关内部应急部门和外部机构及其负责人的署名页，表明各应急部门和机构对应急预案编制的参与和认同，以及履行职责的承诺。

（3）术语和定义。应列出应急预案中需要明确的术语和定义的解释和说明，以便各应急人员准确地把握应急有关事项，避免产生歧义和因理解不一致而导致应急时出现混乱现象。

（4）相关法律法规。我国政府近年来相继颁布了一系列法律法规，针对突发公共事件、行业特大生产安全事故、重大危险源等制定应急预案作了明确规定，要求县级以上各级人民政府或生产经营单位制定相应的重大事故应急救援预案。

在基本预案中，应列出明确要求制定应急预案的国家、地方及上级部门的法律、法规和规定，有关重大事故应急文件、技术规范和指南性材料及国际公约，作为制定应急预案的依据和指南，以使应急预案更具权威性。

（5）方针与原则。列出应急预案所针对的事故（或紧急情况）类型、适用范围和救援任务，以及应急管理和应急救援的方针和指导原则。

方针与原则应体现应急救援的优先原则，如保护人员安全优先、防止和控制事故蔓延优先、保护环境优先。此外，方针与原则还应体现事故损失控制、高效协调以及持续改进的思想，同时还要符合行业或企业实际。

（6）危险分析与环境综述。列出应急工作所面临的潜在重大危险及后果预测，给出区域的地理、气象、人文等有关环境信息。

影响救援的不利条件包括：突发事件发生时间，发生当天的气象条件（温度、湿度、风向、降水），临时停水停电，周围环境，邻近区域同时发生事故，季节性的风向、风速、气温、雨量，企业人员分布及周边居民情况。

（7）应急资源。应对应急资源作出相应的管理规定，并列出应急资源装备的总体情况，包括：应急力量的组成、应急能力，各种重要应急设施（设备）、物资的准备情况，上级救援机构或相邻可用的应急物资。

（8）机构与职责。应列出所有应急部门在突发事件应急救援中承担职责的负责人。在基本预案中只要描述出主要职责即可，详细的职责及行动在应急标准操作程序中会进一步描述。所有部门和人员的职责应覆盖所有的应急功能。

(9) 教育、培训与演练。为全面提高应急能力，应对应急人员培训、公众教育、应急和演习作出相应的规定，包括内容、计划、组织与准备、效果评估、要求等。

应急人员培训基本内容包括：如何识别危险，如何采取必要的应急措施，如何启动紧急报警系统，如何进行事件信息的接收与报告，如何安全疏散人群等。

公众教育基本内容包括：潜在的重大危险，突发事件的性质与应急特点，事故报警与通知的规定，基本防护知识，撤离的组织、方法和程序；在事故危险区域内行动时必须遵守的规则；自救与互救基本常识。

应急演习的具体形式既可以是桌面演习，也可以是实战模拟演习。按演习的规模可分为单项演习、组合演习和全面演习。

(10) 与其他应急预案的关系。列出本预案可能用到的其他应急预案（包括当地政府预案及签订互助协议机构的应急预案），明确本预案与其他应急预案的关系，如本预案与其他应急预案发生冲突时应如何解决。

(11) 互助协议。列出不同政府组织、政府部门之间，相邻企业之间或专业救援机构之间签署的正式互助协议，明确可提供的互助力量（消防、医疗、检测）、物资、设备、技术等。

(12) 预案管理。应急预案的管理应明确负责组织应急预案编制、修改及更新的部门，应急预案的审查和批准程序，应急预案的发放，应急预案的定期评审和更新。

2. 应急标准操作程序

应急标准操作程序主要是针对每一个应急活动执行部门，在进行某几项或某一项具体应急活动时所规定的操作标准。这种操作标准包括一个操作指令检查表和对检查表的说明，一旦应急预案启动，相关人员可按照操作指令检查表逐项落实行动。应急标准操作程序是编制应急预案时最重要和最具可操作性的文件，回答的是在应急活动中谁来做、如何做和怎样做等一系列问题。突发事件的应急活动需要多个部门参与，应急活动是由多种功能组成的，所以每一个部门在应急响应中的行动和具体执行的步骤要有一个程序来指导。事故发生是千变万化的，会出现不同的情况，但应急程序有一定规律、标准化的内容和格式，可保证在错综复杂的事故中不会造成混乱。一些成功的救援多是因为制定了有效的应急预案，才能确保事故发生时可以做到迅速报警，通信系统及时地传达有效信息，各个应急响应部门职责明确、分工清晰，做到忙而不乱，在复杂的救援活动中保持井然有序。

标准中应明确应急功能、应急活动中的各自职责，明确具体负责部门和负责人。还应明确应急活动的具体活动内容、具体操作步骤，并应按照不同的应急活动过程来描述。

应急标准操作程序的目的和作用决定了其基本要求。一般来说，作为一个标准操作程序，其基本要求如下：

(1) 可操作性。应急标准操作程序就是为应急组织或人员提供详细、具体的应急指导，因此必须具有可操作性。应急标准操作程序应明确它的目的，执行任务的主体、时间、地点，具体的应急行动，行动步骤和行动标准等，使应急组织或人员参照标准操作程序可以有效、高速地开展应急工作，而不会因受到紧急情况的干扰导致手足无措，甚至出现错误的行为。

(2) 协调一致性。在应急救援过程中会有不同的应急组织或人员参与，并承担不同的应急职责和任务，开展各自的应急行动，因此标准操作程序在应急功能、应急职责及与其他人员配合方面，必须要考虑相互之间的衔接。其应与基本预案的要求、应急功能设置的规定、特殊风险预案的应急内容、支持附件提供的信息资料，以及与其他标准操作程序协调一致，不应该有矛盾或逻辑错误。如果应急活动可能扩展到外部，在相关标准操作程序中应留有与外部应急救援组织机构的接口。

（3）针对性。应急救援活动由于突发事件发生的种类、地点和环境、时间、事故演变过程的差异而呈现出复杂性，因此标准操作程序应依据特殊风险管理部分对特殊风险的状况描述和管理要求，结合应急组织或人员的应急职责和任务而编制相应的程序。每个标准操作程序必须紧紧围绕各程序中应急主体的应急功能和任务来描述应急行动的具体实施内容和步骤，要有针对性。

（4）连续性。应急救援活动包括应急准备、初期响应、应急扩大、应急恢复等阶段，是连续的过程。为了指导应急组织或人员能在整个应急过程中发挥其应急作用，标准操作程序必须具有连续性。同时，随着事态的发展，参与应急的组织或人员会发生较大变化，因此还应注意标准操作程序中应急功能的连续性。

（5）层次性。应急标准操作程序可以结合应急组织机构和应急职能设置，分成不同的应急层次。例如针对某公司，可以有部门级标准操作程序、班组级标准操作程序，甚至个人标准操作程序。

第二节　事故应急预案的编制

一、事故应急预案编制的核心要素

在编制预案时，一个重要问题是预案应包括哪些基本内容才能满足应急活动的需求。因为应急预案是整个应急管理工作的具体反映，所以它的内容不仅限于事故或事件发生过程中的应急响应和救援措施，还应包括事故发生前的各种应急准备和事故发生后的紧急恢复，以及预案的管理与更新等。因此，完整的应急预案编制应包括六个一级要素，即方针与原则、应急策划、应急准备、应急响应、现场恢复、预案管理与评审改进。

六个一级要素之间既具有一定的独立性，又紧密相连，从应急的方针、策划、准备、响应、恢复到预案管理与评审改进，形成了一个有机联系并持续改进的应急管理体系。根据一级要素中所包括的任务和功能，应急策划、应急准备和应急响应三个一级要素可进一步划分成若干个二级要素。所有这些要素构成了突发事件应急预案的核心内容，这些要素是应急预案编制应当涉及的基本方面。在实际编制时，根据突发事件的风险和实际情况的需要，也为了便于组织预案内容，可结合自身实际，对要素进行合并、增加、重新排列或适当删减等。表 5—1 列举了生产安全事故应急预案核心要素。这些要素在应急过程中也可视为应急功能。

1. 方针与原则

无论是哪个级别或哪种类型的应急救援体系，首先必须有明确的方针和原则，作为开展应急救援工作的纲领。方针与原则反映了应急救援工作的优先方向、政策、范围和总体目标，应急的策划和准备、应急策略的制定和现场应急救援及恢复，都应当围绕方针与原则开展。

突发事件应急救援工作是在预防为主的前提下，贯彻统一指挥、分级负责、区域为主、单位自救和社会救援相结合的原则。其中，预防工作是应急救援工作的基础。除了平时做好事故的预防工作，避免或减少事故的发生外，还要落实好救援工作的各项准备措施，做到预先有准备，一旦发生事故就能及时组织救援。

2. 应急策划

应急预案最重要的特点是有针对性和可操作性。因此，应急策划必须明确预案的对象和可用的应急资源情况，即在全面系统地认识和评价所针对的潜在事故类型的基础上，识别出重大潜在事故及其性质、区域、分布和事故后果，同时根据危险分析结果，分析评估应急救援力量和资源情况，为所需的应急物资准备提供建设性意见。在进行应急策划时，应当列出国家、地方相关法律法规，作为制定预案和应急工作授权的依据。因此，应急策划包括危险分析、

表 5—1　　生产安全事故应急预案核心要素

生产安全事故应急预案核心要素	1. 方针与原则	
	2. 应急策划	2.1 危险分析 2.2 资源分析 2.3 法律法规要求
	3. 应急准备	3.1 机构与职责 3.2 应急资源 3.3 教育、训练和演习 3.4 互助协议
	4. 应急响应	4.1 接警与通知 4.2 指挥与控制 4.3 报警和紧急公告 4.4 通信 4.5 事态监测与评估 4.6 警戒与治安 4.7 人群疏散与安置 4.8 医疗与卫生 4.9 公共关系 4.10 应急人员安全 4.11 消防与抢险
	5. 现场恢复	
	6. 预案管理与评审改进	

资源分析以及法律法规要求三个二级要素。

3. 应急准备

应急准备主要是针对可能发生的突发事件做好各项准备工作。能否成功地在应急救援中发挥作用，取决于应急准备充分与否。应急准备基于应急策划的结果，要求明确所需的应急组织及其职责权限、应急队伍建设和人员培训、应急物资的准备、预案的演习、公众的应急知识培训和签订必要的互助协议等。

4. 应急响应

应急响应能力主要体现在应急预案的核心功能和任务在实际运行中的实现，这些核心功能既具有一定的独立性，又相互联系，构成应急响应的有机整体，共同完成应急救援目标。

应急响应的核心功能和任务包括：接警与通知、指挥与控制、报警和紧急公告、通信、事态监测与评估、警戒与治安、人群疏散与安置、医疗与卫生、公共关系、应急人员安全、消防与抢险等。

当然，根据突发事件风险性质以及应急主体的不同，需要的核心应急功能也可能有一些差异。

5. 现场恢复

现场恢复是事故应急后期的处理工作。比如，泄漏物的污染问题处理、环境污染评估、伤员的救助、后期的保险索赔、生产秩序的恢复等一系列问题。

6. 预案管理与评审改进

强调在事故发生后（或演练后）对于预案不符合和不适宜的部分进行不断的修改和完善，使其更加适合实际应急工作的需要，但预案的修改和更新要有一定的程序和相关评审指标。

二、事故应急预案的编制步骤

1. 成立应急预案编制小组

应急预案本身的作用，最重要的是在应急过程中的实用性和可操作性。应急预案的编制是一个复杂的过程。由于应急预案的内容涉及诸多领域，包括多个组织和技术方面，因此组织应急预案的编制工作，首先要成立应急预案编制小组，由专人或小组负责应急管理计划的编制。

2. 授权、任务和进度

（1）应急管理承诺。明确应急管理的各项承诺，通过授权应急预案编制小组采取编制计划所需的措施，以形成团队精神。该小组应由最高管理者或者主要管理者直接领导。

小组成员和小组领导各自的权限应予以明确，但应提供充分的交流机会，保持必要的沟通。

（2）发布任务书。最高管理者或者主要管理者应发布任务书，以明确对应急管理所作出的承诺。这些承诺应包括以下内容：

1）确定编制应急预案的目的，指明将要涉及的范围（包括整个组织）。

2）确定应急预案编制小组的权力和结构。

（3）时间进度和预算。要明确工作时间进度表和预案编制的最终期限。明确任务的优先顺序，情况发生变化时可以对时间进度进行修改。

3. 危险分析和应急能力评估

（1）初始评估。初始评估是指根据现有的应急能力、可能发生的危险和突发事件或其他紧急情况，通过掌握的一些有关信息，对目前处理紧急事件的基本能力进行评估。初始评估工作应由应急预案编制小组中的专业人员进行，并与相关部门及重要岗位工作人员交流。

（2）危险分析。制定应急预案主要是针对可能发生的重特大事故和导致严重后果的一些事件，采取相应的应急响应流程和处置措施。因此，要了解可能导致重特大事故的情况，首先要对这些情况进行分析，进而提出有针对性的措施。

（3）脆弱性分析。当潜在危险成为事实时，生命、财产和环境易受伤害或破坏。因此，必须在危险识别的基础上进一步评价突发事件风险的脆弱性，即每一紧急情况发生的可能性和潜在后果。可通过量化的指标，对可能性进行赋值，估算后果并评估资源。

风险分析主要是考虑危险发生的可能性，以及这种情况发生的可能性大小。还要评估事故发生时可能造成的后果，如对人员伤害、财产损失、环境影响等作出判断。

4. 编制应急预案

编制应急预案必须在考虑应急主体的现状、需求和事故风险分析结果的基础上，大量收集和参阅已有的应急资料，以尽可能地减少工作量。

编制过程如下：

（1）确定目标和行动的优先顺序。

（2）确定具体目标和重要事项，列出完成任务的清单、工作人员清单和时间表。明确脆弱性分析中发现的问题和资源不足的解决办法。

（3）编制计划。分配计划编制小组每个成员相应的编写内容，确定最合适的格式。对具体目标明确时间期限，同时保证为完成任务提供足够的和必要的时间。

（4）为各项活动制定时间进度表，包括初稿、评审、二稿。

5. 应急预案管理

应急预案是应急救援行动的指南性文件。为了保证应急预案的有效性和与实际情况的符合性，必须对预案实施有效的管理，包括预案的发放与登记、修改或修订等。

（1）预案的发放与登记。预案经批准后应分发给有关部门，并建立发放登记表，记录发放日期、发放份数、文件登记号、接收部门、接收日期、签收人等相关信息。向社会或媒体分发用于宣传教育的预案，可不包括有关标准操作程序、内部通讯录等不便公开的专业、关键或敏感信息。

（2）预案的修改或修订。为不断完善和改进应急预案并保持预案的时效性，应就下述情况对应急预案进行定期和不定期的修改或修订：

1）日常应急管理中发现预案的缺陷。

2）训练或演习过程中发现预案的缺陷。

3）实际应急过程中发现预案的缺陷。

4）组织机构发生变化。

5）人员及通信方式发生变化。

6）有关法律、法规、标准发生变化。

7）其他情况。

当预案更改的内容变化较大、累计修改处较多，或已达到预案修订期限时，则应对预案进行重新修订。预案的修订应采取与预案编制相同的过程，包括从成立预案编制小组到预案的评审、批准和实施全过程。预案经修订并重新发布后，应按原预案发放登记表，收回旧版本预案，发放新版本预案并进行登记。

第三节 事故应急预案的演习

一、事故应急预案演习的目的和要求

1. 应急演习的目的

应急演习的目的是通过培训、评估、改进等手段提高相关人员保护人民群众生命财产安全和环境的综合应急能力，说明应急预案的各个部分或整体是否能够有效地付诸实施，验证应急预案对可能出现的各种紧急情况的适应性，找出应急准备工作中可能需要改善的地方，确保建立和保持可靠的通信渠道及应急人员的协同性，确保所有应急组织都熟悉并能够履行其职责，找出需要改进的潜在问题。

2. 应急演习的要求

应急演习种类繁多，不同类型的应急演习虽有不同特点，但在策划演习内容、演习情景、演习频次、演习评价方法等方面有共同性要求，包括：

（1）应急演习必须遵守相关法律、法规、标准和应急预案规定。

（2）领导重视，科学计划。开展应急演习工作必须得到有关领导的重视，给予财政等相应支持，必要时有关领导应参与演习过程并扮演与其职责相当的角色。应急演习必须事先确定演习目标，演习策划人员应对演习内容、情景等事项进行精心策划。

(3) 结合实际，突出重点。应急演习应结合当地可能产生的危险源特点、潜在事故类型、可能发生事故的地点和气象条件及应急准备工作的实际情况进行。演习应重点解决应急过程中组织指挥和协同配合问题，找出应急准备工作的不足，以提高应急行动的整体效能。

(4) 周密组织，统一指挥。演习策划人员必须制定并落实保证演习达到目标的具体措施，各项演习活动应在统一指挥下实施，参演人员要严守演习现场规则，确保演习过程的安全。演习不得影响生产经营单位的正常运行，不得使各类人员承受不必要的风险。

(5) 由浅入深，分步实施。应急演习应遵循由下而上、先分后总、分步实施的原则，综合性的应急演习应以若干次分步演练为基础。

(6) 讲究实效，注重质量。应急演习指导机构应精干，工作程序要简明，各类演习文件要实用，避免一切形式主义的安排，以取得实效为检验演习质量的唯一标准。

(7) 应急演习原则上应避免惊动公众，如必须涉及有限数量的公众，则应在公众教育得到普及、条件比较成熟时进行。

二、事故应急预案演习的种类

每一次演习并不要求全部展示上述所有目标的符合情况，也不要求所有应急组织全面参与演习的各类活动，但为检验和评价事故应急能力，应在一段时间内对应急演习目标进行全面演练。

1. 根据演习的规模分类

(1) 单项演习。这是为了熟练掌握应急操作或完成某项特定任务所需技能而进行的演习。此类演习包括：通信联络程序演习、人员集中清点演习、应急装备物资到位演习、医疗救护行动演习等。

（2）组合演习。这是为了检查或提高应急组织之间及其与外部组织之间的相互协调性而进行的演习。此类演习包括：应急药物发放演习、周边群众撤离演习、扑灭火灾与堵漏演习、关闭阀门演习等。

（3）综合演习。这是应急预案规定的所有任务单位或其中绝大多数单位参加的，为全面检查预案可执行性而进行的演习。此类演习较前两类演习更为复杂，需要更长的准备时间。

2. 根据演习的形式分类

（1）桌面演习。这是指由应急组织的代表或关键岗位人员参加的，按照应急预案及其标准运作程序，讨论紧急事件发生时应采取行动的演习活动。桌面演习的主要特点是对演习情景进行口头演习，一般是在会议室内举行非正式的活动。主要作用是在没有压力的情况下，演习人员在检查和解决应急预案中的问题的同时，获得一些建设性的讨论结果。主要目的是在友好、较小压力的情况下，锻炼演习人员解决问题的能力，以及明确各个应急组织之间相互协作和承担的责任。

桌面演习只需展示有限的应急响应和内部协调活动，应急响应人员主要来自本地应急组织，事后一般进行口头评论并记录演习人员的建议，提交一份简短的书面报告，总结演习活动和提出有关改进应急响应工作的建议。桌面演习方法成本较低，主要为功能演习和全面演习做准备。

（2）功能演习。这是指针对某项应急响应功能或某些应急响应活动而举行的演习活动。功能演习一般在应急指挥中心举行，并可同时开展现场演习，调用有限的应急设备，主要目的是针对应急响应功能，检验应急响应人员以及应急管理体系的策划和响应能力。例如指挥和控制功能的演习，目的是检测、评价多个部门在紧急情况下通过统一指挥及时响应的能力。演习主要集中在若干个应急指挥中心或现场指挥所举行，并开展有限的现场活动，调用有限的外部资源。外部资源的调用范围和规模应能满足响应模拟紧急事件时的指挥和控制要求。又如针对交通运输活动的演习，目的是检验地方应急响应官员建立现场指挥所、协调现场应急响应人员和交通运载工具的能力。

功能演习比桌面演习规模要大，需动员更多的应急响应人员和组织。必要时，还可要求国家级应急响应机构参与演习过程，为演习方案设计、协调和评估工作提供技术支持，因而协调工作的难度也随着更多应急响应组织的参与而增大。功能演习所需的评估人员一般为 4～12 人，具体数量依据演习地点、社区规模、现有资源和演习功能而定。演习完成后，除进行口头评论外，还应向地方提交有关演习活动的书面报告，并提出改进建议。

（3）全面演习。这是指针对应急预案中全部或大部分应急响应功能，检验、评价应急组织应急运行能力的演习活动。全面演习一般要求持续几个小时，采取交互方式进行，演习过程要求尽量真实，调用更多的应急响应人员和资源，以展示相互协调的应急响应能力。

与功能演习类似，全面演习也少不了负责应急运行、协调和政策拟定人员的参与，以及国家级应急组织人员在演习方案设计、协调和评估工作中提供的技术支持。但是在全面演习过程中，这些人员或组织的演示范围要比功能演习更广。全面演习一般需要 10～50 名评价人员。演习完成后，除进行口头评论外，还应提交正式的书面报告。

三、事故应急预案演习实施的要点

事故应急预案演习实施程序是提供演习开始、发展和结束的指南，它将尽力确定一些我们面临的问题和解决办法。对于各类演习来说，在实施中都有各自的程序和特点。

1. 桌面演习的实施

桌面演习的复杂性、范围和真实程度变化很大。实际上，桌面演习只有两种：基本的和高级的。基本桌面演习是在定向演习中通过小组讨论解决基本问题。桌面演习需要较多的时间，进行的方式包括介绍目的、范围和管理规章，然后由演习控制者介绍场景。场景是讨论计划条款和程序的起点，应该详细包括特定位置、严重程度和其他相关问题。演习控制者必须控制讨论方向，以确保达到演习目标。在所有目标达到后，基本桌面演习结束。如果没有在允许时间内达到所有目标，演习控制者要决定延迟演习或简单结束演习。

高级桌面演习使用与基本演习相同的技术。可是，高级桌面演习把引起一系列问题的另外要素加入到场景叙述的基本问题之中。高级桌面演习以简单场景叙述开始，可是当讨论继续时，演习控制者会介绍一系列相关问题或事件，要求参加者讨论每个问题的解决办法。一些桌面演习的重要特点是：

（1）高级桌面演习要求编制和使用事件顺序表。

（2）通过信息把事件介绍给参加者。

（3）介绍所有参加者的信息，进行自由公开讨论或由特定人员指导。如果信息指向某人，他则需要概括出反应或解决办法，其他参加者参与讨论。

（4）演习控制者负责检测讨论导向，使所有信息在预定的时间内介绍完毕，这些信息被介绍的顺序可能有所改变，以符合实际交流的需要。

关于基本桌面演习的一般意见也可用于高级桌面演习。当所有问题的解决令演习控制者满意时，演习就完成了。

高级桌面演习要求准备地图、录像或动画显示材料、胶片、相片等，以协助进行演习。由于在教室内和非现场环境进行演习，辅助显示材料极具价值。

2. 功能演习和全面演习的实施

进行功能演习和全面演习的方法基本相同，只是在范围和复杂程度上有所区别。两种类型的演习都具有很高的真实度，它们都包括许多反应任务的实际效果，演习都在与真实紧急事件发生场所相同的地方进行，不同于定向和桌面演习方式。

桌面演习与功能/全面演习的主要区别是前者一般会宣布开始时间和日期，而后者有时不通知参加者确切的演习时间。之所以采用这种方式（可称为“非注意”方式），是因为功能/全面演习的目标之一是检测报警和通知程序，没有了突然性，就不可能知道参加者是否向非预期通知作出反应。

但是在功能/全面演习中，参加者应在开始前清楚地了解准备演习的目标和细节，演习的成功也有赖于此。这可在演习介绍中完成，有时在演习前一星期进行。演习介绍应该包括以下信息：

（1）演习时间。

（2）参加者。

（3）安全措施。

（4）报告/记录程序。

关于演习场景的细节不应该透露给参加者，因为考虑到他们会特意准备。管理细节如卫生间的位置、午饭时间等应该书面给出。

功能/全面演习的开始方法可能会随着演习目标的变化而变化。可是由于上述“非注意”方式，一般来说，只有当演习控制者宣布演习开始时，演习参加者才会发现模拟的紧急状况。不像定向和桌面演习，在开始演习前的预定时间，参加者集结在一个预定位置。功能/全面演习的参加者直到首次信息发布后才作出反应。换句话说，他们会继续正常活动，直到他们接到演习开始的通知。例如，消防人员可能不作出反应，直到听到消防报警。为避免混乱和恐慌，所有演习信息特别是最初报警应该以特定方式说明开始和结束，如“这是×××演习”。如果使用报警系统，应该用公共发布系统来宣布演习开始。根据演习的目标和范围，一般会有若干种宣布演习开始的方法。如果演习不包括真实应急中最初的反应活动，在最初的反应活动结束之后，演习控制者会使用场景叙述来报告参加者目前演习的状态。

为得到最高真实度，要求演习参加者正常执行反应任务。例如，执行需要真实使用消防带的消防任务是不切实际的，因为消防水能造成损害，因此参加者应该被要求以布置消防带和其他任务来替代，但不能放水。

一旦演习开始，演习控制者有责任保证演习在轨道内以平稳速度进行。演习控制者面临的另一个问题是，在进行功能演习及全面演习时，在实际应急中对于需要花费很长时间的任务，必须在压缩后的演习时间表内完成。例如，一般要花几个小时或更长时间来控制一个大型建筑的火灾，但演习时需要在几分钟内完成。在最初反应活动完成后，控制者应该停止演习，简单地向所有参加者说明假定几个小时后，火将被扑灭。

对于功能演习及全面演习来说，一般当所有演习目标达到时（事件顺序单中的预期行动完成）或计划时间期满时才结束。因为日程设定有问题或由于其他原因重新安排演习是不切实际的，因而演习控制者必须保证演习在日程内完成或在演习前作出必要的调整。

四、事故应急预案演习的总结与评价

1. 应急演习的评价

演习评价是指观察和记录演习活动，比较演习人员的表现与演习目标要求并提出演习发现的过程。演习评价的目的是确定演习是否达到演习目标要求，检验各应急组织指挥人员及应急响应人员完成任务的能力。要全面、正确地评价演习效果，必须在演习覆盖区域的关键地点和各参演应急组织的关键岗位上派驻公正的评价人员。评价人员的职责主要是观察演习的进程，记录演习人员所采取的每一项关键行动及其实施时间，访谈演习人员，要求参演应急组织提供文字材料，评价参演应急组织和演习人员表现并反馈演习发现。

演习发现是指通过演习评价过程，发现应急救援体系、应急预案、应急执行程序或应急组织中存在的问题。按对人员生命安全的影响程度将演练发现划分为三个等级，从高到低分别为不足项、整改项和改进项。

（1）不足项。不足项是指在演习过程中观察或识别出的，可能使应急准备工作不完备，从而导致在紧急事件发生时不能确保应急组织能采取合理应对措施保护人员安全。不足项应在规定的时间内予以纠正。演习发现确定为不足项时，策划小组负责人应对该不足项做详细说明，并提出应采取的纠正措施和完成时限。根据有关研究，一般可能导致不足项的应急预案编制要素包括：职责分配、应急资源、警报、通报方法与程序、通信、事态评估、公共教育和信息、保护措施、应急响应人员安全和紧急医疗服务。

（2）整改项。整改项是指在演习过程中观察或识别出的，其中的某一项不会对公众的安全与健康造成不良影响的不完备项。整改项应在下次演习时予以纠正。

在下列两种情况下，可将整改项列为不足项：

1）某个应急组织中存在两个以上整改项，共同作用时可妨碍对公众生命安全与健康提供足够的保护。

2）某个应急组织在多次（两次以上）演习过程中，反复出现前次演习识别出的整改项。

（3）改进项。改进项是指应急准备过程中应予以改善的问题。改进项不同于不足项和整改项，一般不会对人员生命安全与健康产生严重影响，因此，不必要求对其予以纠正。

2. 应急演习总结与追踪

演习结束后，进行总结与讲评是全面评价演习是否达到演习目标、应急准备水平是否需要改进的一个重要步骤，也是演习人员进行自我评价的机会。演习总结与讲评可以通过访谈、汇报、协商、自我评价、公开会议和通报等形式完成。演习总结应包括以下内容：

（1）演习背景。

（2）参与演习的部门和单位。

（3）演习目标。

（4）演习情景和演习方案。

（5）演习过程的全面评价。

（6）演习过程中发现的问题和整改措施。

（7）对应急预案和有关程序的改进建议。

（8）对应急设备、设施维护与更新的建议。

（9）对应急组织、应急响应人员能力提升和培训的建议。

追踪是指策划小组在演习总结与讲评过程结束之后，安排人员督促相关应急组织继续解决其中尚待解决的问题或事项的活动。为确保参演应急组织能从演习中获得最大益处，策划小组应对演习发现进行充分研究，确定导致该问题的根本原因、纠正方法和纠正措施完成时间，并指定专人负责对演习发现中的不足项和整改项的纠正过程实施追踪，监督检查纠正措施进展情况。

第四节 事故应急预案相关法律法规规定

一、《安全生产法》相关规定

第三十三条 生产经营单位对重大危险源应当登记建档，进行定期检测、评估、监控，并制定应急预案，告知从业人员和相关人员在紧急情况下应当采取的应急措施。

生产经营单位应当按照国家有关规定将本单位重大危险源及有关安全措施、应急措施报有关地方人民政府负责安全生产监督管理的部门和有关部门备案。

第四十五条　生产经营单位的从业人员有权了解其作业场所和工作岗位存在的危险因素、防范措施及事故应急措施，有权对本单位的安全生产工作提出建议。

第五十条　从业人员应当接受安全生产教育和培训，掌握本职工作所需的安全生产知识，提高安全生产技能，增强事故预防和应急处理能力。

第六十八条　县级以上地方各级人民政府应当组织有关部门制定本行政区域内特大生产安全事故应急救援预案，建立应急救援体系。

第六十九条　危险物品的生产、经营、储存单位以及矿山、建筑施工单位应当建立应急救援组织；生产经营规模较小，可以不建立应急救援组织的，应当指定兼职的应急救援人员。

危险物品的生产、经营、储存单位以及矿山、建筑施工单位应当配备必要的应急救援器材、设备，并进行经常性维护、保养，保证正常运转。

第七十二条　有关地方人民政府和负有安全生产监督管理职责的部门的负责人接到重大生产安全事故报告后，应当立即赶到事故现场，组织事故抢救。

任何单位和个人都应当支持、配合事故抢救，并提供一切便利条件。

二、《职业病防治法》相关规定

第十条　国务院和县级以上地方人民政府应当制定职业病防治规划，将其纳入国民经济和社会发展计划，并组织实施。

县级以上地方人民政府统一负责、领导、组织、协调本行政区域的职业病防治工作，建立健全职业病防治工作体制、机制，统一领导、指挥职业卫生突发事件应对工作；加强职业病防治能力建设和服务体系建设，完善、落实职业病防治工作责任制。

第二十一条　用人单位应当采取下列职业病防治管理措施：

（一）设置或者指定职业卫生管理机构或者组织，配备专职或者兼职的职业卫生管理人员，负责本单位的职业病防治工作；

（二）制定职业病防治计划和实施方案；

（三）建立、健全职业卫生管理制度和操作规程；

（四）建立、健全职业卫生档案和劳动者健康监护档案；

（五）建立、健全工作场所职业病危害因素监测及评价制度；

（六）建立、健全职业病危害事故应急救援预案。

第二十五条　产生职业病危害的用人单位，应当在醒目位置设置公告栏，公布有关职业病防治的规章制度、操作规程、职业病危害事故应急救援措施和工作场所职业病危害因素检测结果。

对产生严重职业病危害的作业岗位，应当在其醒目位置，设置警示标识和中文警示说明。警示说明应当载明产生职业病危害的种类、后果、预防以及应急救治措施等内容。

第二十六条　对可能发生急性职业损伤的有毒、有害工作场所，用人单位应当设置报警装置，配置现场急救用品、冲洗设备、应急撤离通道和必要的泄险区。

对放射工作场所和放射性同位素的运输、贮存，用人单位必须配置防护设备和报警装置，保证接触放射线的工作人员佩戴个人剂量计。

对职业病防护设备、应急救援设施和个人使用的职业病防护用品，用人单位应当进行经常性的维护、检修，定期检测其性能和效果，确保其处于正常状态，不得擅自拆除或者停止使用。

第三十八条　发生或者可能发生急性职业病危害事故时，用人单位应当立即采取应急救援和控制措施，并及时报告所在地安全生产监督管理部门和有关部门。安全生产监督管理部门接到报告后，应当及时会同有关部门组织调查处理；必要时，可以采取临时控制措施。卫生行政部门应当组织做好医疗救治工作。

第四十一条　工会组织应当督促并协助用人单位开展职业卫生宣传教育和培训，有权对用人单位的职业病防治工作提出意见和建议，依法代表劳动者与用人单位签订劳动安全卫生专项集体合同，与用人单位就劳动者反映的有关职业病防治的问题进行协调并督促解决。

工会组织对用人单位违反职业病防治法律、法规，侵犯劳动者合法权益的行为，有权要求纠正；产生严重职业病危害时，有权要求采取防护措施，或者向政府有关部门建议采取强制性措施；发生职业病危害事故时，有权参与事故调查处理；发现危及劳动者生命健康的情形时，有权向用人单位建议组织劳动者撤离危险现场，用人单位应当立即作出处理。

第七十一条　违反本法规定，有下列行为之一的，由安全生产监督管理部门给予警告，责令限期改正；逾期不改正的，处十万元以下的罚款：

（一）工作场所职业病危害因素检测、评价结果没有存档、上报、公布的；

（二）未采取本法第二十一条规定的职业病防治管理措施的；

（三）未按照规定公布有关职业病防治的规章制度、操作规程、职业病危害事故应急救援措施的；

（四）未按照规定组织劳动者进行职业卫生培训，或者未对劳动者个人职业病防护采取指导、督促措施的；

（五）国内首次使用或者首次进口与职业病危害有关的化学材料，未按照规定报送毒性鉴定资料以及经有关部门登记注册或者批准进口的文件的。

第七十三条　用人单位违反本法规定，有下列行为之一的，由安全生产监督管理部门给予警告，责令限期改正，逾期不改正的，处五万元以上二十万元以下的罚款；情节严重的，责令停止产生职业病危害的作业，或者提请有关人民政府按照国务院规定的权限责令关闭：

（一）工作场所职业病危害因素的强度或者浓度超过国家职业卫生标准的；

（二）未提供职业病防护设施和个人使用的职业病防护用品，或者提供的职业病防护设施和个人使用的职业病防护用品不符合国家职业卫生标准和卫生要求的；

（三）对职业病防护设备、应急救援设施和个人使用的职业病防护用品未按照规定进行维护、检修、检测，或者不能保持正常运行、使用状态的；

（四）未按照规定对工作场所职业病危害因素进行检测、评价的；

（五）工作场所职业病危害因素经治理仍然达不到国家职业卫生标准和卫生要求时，未停止存在职业病危害因素的作业的；

（六）未按照规定安排职业病病人、疑似职业病病人进行诊治的；

（七）发生或者可能发生急性职业病危害事故时，未立即采取应急救援和控制措施或者未按照规定及时报告的；

（八）未按照规定在产生严重职业病危害的作业岗位醒目位置设置警示标识和中文警示说明的；

（九）拒绝职业卫生监督管理部门监督检查的；

（十）隐瞒、伪造、篡改、毁损职业健康监护档案、工作场所职业病危害因素检测评价结果等相关资料，或者拒不提供职业病诊断、鉴定所需资料的；

（十一）未按照规定承担职业病诊断、鉴定费用和职业病病人的医疗、生活保障费用的。

三、《消防法》相关规定

第一条　为了预防火灾和减少火灾危害，加强应急救援工作，保护人身、财产安全，维护公共安全，制定本法。

第七条 国家鼓励、支持消防科学研究和技术创新，推广使用先进的消防和应急救援技术、设备；鼓励、支持社会力量开展消防公益活动。

第十六条 机关、团体、企业、事业等单位应当落实消防安全责任制，制定本单位的消防安全制度、消防安全操作规程，制定灭火和应急疏散预案。

第二十条 举办大型群众性活动，承办人应当依法向公安机关申请安全许可，制定灭火和应急疏散预案并组织演练，明确消防安全责任分工，确定消防安全管理人员，保持消防设施和消防器材配置齐全、完好有效，保证疏散通道、安全出口、疏散指示标志、应急照明和消防车通道符合消防技术标准和管理规定。

第三十八条 公安消防队、专职消防队应当充分发挥火灾扑救和应急救援专业力量的骨干作用；按照国家规定，组织实施专业技能训练，配备并维护保养装备器材，提高火灾扑救和应急救援的能力。

第四十三条 县级以上地方人民政府应当组织有关部门针对本行政区域内的火灾特点制定应急预案，建立应急反应和处置机制，为火灾扑救和应急救援工作提供人员、装备等保障。

第五十条 对因参加扑救火灾或者应急救援受伤、致残或者死亡的人员，按照国家有关规定给予医疗、抚恤。

四、《突发事件应对法》相关规定

第五条 突发事件应对工作实行预防为主、预防与应急相结合的原则。国家建立重大突发事件风险评估体系，对可能发生的突发事件进行综合性评估，减少重大突发事件的发生，最大限度地减轻重大突发事件的影响。

第十七条 国家建立健全突发事件应急预案体系。

国务院制定国家突发事件总体应急预案，组织制定国家突发事件专项应急预案；国务院有关部门根据各自的职责和国务院相关应急预案，制定国家突发事件部门应急预案。

地方各级人民政府和县级以上地方各级人民政府有关部门根据有关法律、法规、规章、上级人民政府及其有关部门的应急预案以及本地区的实际情况，制定相应的突发事件应急预案。

应急预案制定机关应当根据实际需要和情势变化，适时修订应急预案。

第十八条　应急预案应当根据本法和其他有关法律、法规的规定，针对突发事件的性质、特点和可能造成的社会危害，具体规定突发事件应急管理工作的组织指挥体系与职责和突发事件的预防与预警机制、处置程序、应急保障措施以及事后恢复与重建措施等内容。

第二十条　县级人民政府应当对本行政区域内容易引发自然灾害、事故灾难和公共卫生事件的危险源、危险区域进行调查、登记、风险评估，定期进行检查、监控，并责令有关单位采取安全防范措施。

省级和设区的市级人民政府应当对本行政区域内容易引发特别重大、重大突发事件的危险源、危险区域进行调查、登记、风险评估，组织进行检查、监控，并责令有关单位采取安全防范措施。

县级以上地方各级人民政府按照本法规定登记的危险源、危险区域，应当按照国家规定及时向社会公布。

第二十二条　所有单位应当建立健全安全管理制度，定期检查本单位各项安全防范措施的落实情况，及时消除事故隐患；掌握并及时处理本单位存在的可能引发社会安全事件的问题，防止矛盾激化和事态扩大；对本单位可能发生的突发事件和采取安全防范措施的情况，应当按照规定及时向所在地人民政府或者人民政府有关部门报告。

第二十三条　矿山、建筑施工单位和易燃易爆物品、危险化学品、放射性物品等危险物品的生产、经营、储运、使用单位，应当制定具体应急预案，并对生产经营场所，有危险物品的建筑物、构筑物及周边环境开展隐患排查，及时采取措施消除隐患，防止发生突发事件。

第二十四条　公共交通工具、公共场所和其他人员密集场所的经营单位或者管理单位应当制定具体应急预案，为交通工具和有关场所配备报警装置和必要的应急救援设备、设施，注明其使用方法，并显著标明安全撤离的通道、路线，保证安全通道、出口的畅通。

有关单位应当定期检测、维护其报警装置和应急救援设备、设施，使其处于良好状态，确保正常使用。

第五十二条　履行统一领导职责或者组织处置突发事件的人民政府，必要时可以向单位和个人征用应急救援所需设备、设施、场地、交通工具和其他物资，请求其他地方人民政府提供人力、物力、财力或者技术支援，要求生产、供应生活必需品和应急救援物资的企业组织生产、保证供给，要求提供医疗、交通等公共服务的组织提供相应的服务。

第五十六条　受到自然灾害危害或者发生事故灾难、公共卫生事件的单位，应当立即组织本单位应急救援队伍和工作人员营救受害人员，疏散、撤离、安置受到威胁的人员，控制危险源，标明危险区域，封锁危险场所，并采取其他防止危害扩大的必要措施，同时向所在地县级人民政府报告；对因本单位的问题引发的或者主体是本单位人员的社会安全事件，有关单位应当按照规定上报情况，并迅速派出负责人赶赴现场开展劝解、疏导工作。

五、《关于加强安全生产应急管理工作的意见》

一、充分认识安全生产应急管理工作的重要性

事故灾难是突发公共事件的重要方面，安全生产应急管理是安

全生产工作的重要组成部分。全面做好安全生产应急管理工作，提高事故防范和应急处置能力，尽可能避免和减少事故造成的伤亡和损失，是坚持“以人为本”、贯彻落实科学发展观的必然要求，也是维护广大人民群众的根本利益、构建社会主义和谐社会的具体体现。

在党中央、国务院的高度重视和正确领导下，在各地区、各部门、各单位和社会各界的共同努力下，全国安全生产形势呈现了总体稳定、趋于好转的态势，但是事故伤亡总量大、重特大事故频发、职业危害严重，安全生产形势依然严峻。目前，我国正处在工业化加速发展阶段，社会生产活动和经济规模的迅速扩大与安全生产基础薄弱的矛盾突出，处于安全生产事故的“易发期”，加强安全生产应急管理工作显得尤为重要和迫切。我国安全生产应急管理工作尽管取得了一定成绩，但在体制、机制、法制和应急救援队伍及应急能力建设等方面，还存在许多不适应的问题，必须引起高度重视，采取切实措施，认真加以解决。各级安全监管部门、煤矿安全监察机构和其他有安全监管职责的部门及各类生产经营单位，要切实统一思想，提高认识，加大力度，把安全生产应急管理工作抓紧、抓细、抓实、抓好。

二、指导思想和工作目标

指导思想：以邓小平理论和“三个代表”重要思想为指导，坚持“以人为本”，全面落实科学发展观和构建社会主义和谐社会的战略思想，坚持“安全发展”的指导原则和“安全第一、预防为主、综合治理”的方针，全面落实《国民经济和社会发展第十一个五年规划纲要》《国家突发公共事件总体应急预案》《安全生产“十一五”规划》和国家安全生产事故灾难有关应急预案，推动“一案三制”（预案、体制、机制和法制）及应急管理体系、队伍、装备建设，切实提高预防和处置安全生产事故灾难的能力，最大限度地减少人员伤亡和财产损失，促进全国安全生产形势进一步好转。

工作目标：在“十一五”期间，落实和完善安全生产应急预案，到2007年底形成覆盖各地区、各部门、各生产经营单位“横向到边、纵向到底”的预案体系；建立健全统一管理、分级负责、条块结合、属地为主的安全生产应急管理体制和国家、省（区、市）、市（地）三级安全生产应急救援指挥机构及区域、骨干、专业应急救援队伍体系；建立健全安全生产应急管理的法律法规和标准体系；依靠科技进步，建设安全生产应急信息系统和应急救援支撑保障体系；形成统一指挥、反应灵敏、协调有序、运转高效的安全生产应急管理机制和政府统一领导，部门协调配合，企业自主到位，社会共同参与的安全生产应急管理工作格局。

三、完善安全生产应急预案体系

各级安全监管部门及其他有安全监管职责的部门要在政府的统一领导下，根据国家安全生产事故有关应急预案，分门别类制修订本地区、本部门、本行业和领域的各类安全生产应急预案。各生产经营单位要按照《生产经营单位安全生产事故应急预案编制导则》，制订应急预案，建立健全包括集团公司（总公司）、子公司或分公司、基层单位以及关键工作岗位在内的应急预案体系，并与政府及有关部门的应急预案相互衔接。

加强安全生产事故应急预案管理。地方政府有关部门制定的有关安全生产事故应急预案要报上一级人民政府有关部门和安全监管部门备案。生产经营单位的安全生产事故应急预案，要报所在地县级以上人民政府安全生产监督管理部门和有关主管部门备案，并告知相关单位。中央管理企业的安全生产事故应急预案，应按属地管理的原则，报所在地的省（区、市）和市（地）人民政府安全生产监督管理部门和有关主管部门备案；中央管理企业总部的安全生产事故应急预案报国家安全监管总局和有关主管部门备案。各级安全监管部门要把安全生产事故应急预案的编制、备案、审查、演练等作为安全生产监督、监察工作的重要内容，通过应急预案的备案、审查和演练，提高应急预案的质量，做到相关预案相互衔接，增强应急预案的科学性、针对性、实效性和可操作性。依据有关法律、法规和国家标准、行业标准的修改变动情况，以及生产经营单位生产条件的变化情况、预案演练过程中发现的问题和预案演练的总结等，及时对应急预案予以修订。

生产经营单位要积极组织应急预案的演练，高危企业每年至少要组织一次应急预案的演练。各级安全监管部门要协调有关部门，每年组织一次高危企业、部门、地方的联合演练。通过演练，检验预案、锻炼队伍、教育公众、提高能力，促进企业应急预案与政府、部门应急预案的衔接和对应急预案的不断完善。

四、健全和完善安全生产应急管理体制和机制

落实《国民经济和社会发展第十一个五年规划纲要》确定的关于安全生产应急救援体系建设重点工程。各级安全监管部门都要明确应急管理机构，落实应急管理职责。到2008年，完成省、市两级安全生产应急救援指挥机构的建设；应急救援任务重、重大危险源较多的县也要根据需要建立安全生产应急救援指挥机构。做到安全生产应急管理指挥工作机构、职责、编制、人员、经费五落实。

理顺各级安全生产应急管理机构与安全生产应急救援指挥机构、安全生产应急救援指挥机构与各专业应急救援指挥机构的工作关系。对于隶属于省级煤矿安全监察机构的矿山应急救援指挥机构，各省级安全监管部门要与省级煤矿安全监察机构共同协商，完善体制、建立机制、理顺关系，做好工作。

加强各地区、各有关部门安全生产应急管理机构间的协调联动，积极推进资源整合和信息共享，形成统一指挥、相互支持、密切配合、协同应对事故灾难的合力。要发挥各级政府安全生产委员会及其办公室在安全生产应急管理方面的协调作用，建立安全生产应急管理工作的协调机制。

五、加强安全生产应急队伍和能力建设

依据全国安全生产应急救援体系总体规划，依托大中型企业和

社会救援力量，优化、整合各类应急救援资源，建设国家、区域、骨干专业应急救援队伍。加强生产经营单位的应急能力建设。尽快形成以企业应急救援力量为基础，以国家级区域专业应急救援基地和地方骨干专业队伍为中坚力量，以应急救援志愿者等社会救援力量为补充的安全生产应急救援队伍体系。各地区、各部门要编制本地区、本行业安全生产应急救援体系建设规划，并纳入本地区、本部门经济和社会发展“十一五”规划之中，确保顺利实施。

各类生产经营单位要按照安全生产法律法规要求，建立安全生产应急救援组织。大中型矿山、建筑施工单位和危险物品的生产、经营、储存单位，以及具有重大危险源的生产经营单位应当建立专职安全生产应急救援队伍。其他小型高危险生产经营单位没有建立专职安全生产应急救援队伍的，要指定兼职应急救援人员，并与专业安全生产事故应急救援队伍签订应急救援协议。其他生产经营单位应根据预案实施的需要，建立必要的应急救援指挥机构和专兼职的应急救援队伍。

统筹规划，建设具备风险分析、监测监控、预测预警、信息报告、数据查询、辅助决策、应急指挥和总结评估等功能的国家、省（区、市）、市（地）安全生产应急信息系统，实现各级安全生产应急指挥机构与相关专业应急指挥机构、国家级区域应急救援（医疗救护）基地以及骨干应急救援（医疗救护）机构间的信息共享。应急信息系统建设要结合实际，依托和利用安全生产通信信息系统和有关办公信息系统资源，规范技术标准，实现互联互通和信息共享，避免重复建设。

高度重视应急管理和应急救援队伍的自身建设，建设一支政治坚定、作风过硬、业务精通、装备精良、纪律严明的安全生产应急管理和应急救援队伍。加强思想作风建设，强化忧患意识、执行意识、服务意识、奉献意识，养成勤勉敬业、雷厉风行、尊重科学、敢打硬仗的作风。加强业务建设，强化教育、培训与训练，提高管理水平和实战能力。建立激励和约束机制，对在安全生产事故应急救援工作中作出突出贡献的单位和个人，要给予表彰和奖励。

六、建立健全安全生产应急管理法律法规及标准体系

加强安全生产应急管理的法制建设，逐步形成规范的安全生产事故灾难预防和应急处置工作的法律法规和标准体系。认真贯彻《安全生产法》和即将出台的《突发公共事件应对法》，认真执行国务院《关于全面加强应急管理工作的意见》和《国家突发公共事件总体应急预案》，抓紧做好《安全生产应急管理条例》的立法准备工作和公布后的具体实施工作。要抓紧研究制定安全生产应急预案管理、救援资源管理、信息管理、队伍建设、培训教育等配套规章规程和标准，尽快形成安全生产应急管理的法规标准体系。

各地区、各有关部门要依据有关法律、法规和标准，结合实际制定并完善安全生产应急管理的地方和部门法规规章及标准。生产经营单位要建立和完善内部应急管理的规章制度。

七、坚持预防为主、防救结合，做好事故防范工作

切实加强风险管理、重大危险源管理与监控，做好事故隐患的排查整改工作。建立预警制度，加强事故灾难预测预警工作，要定期对重大危险源和重点部位进行分析和评估，对可能导致安全生产事故的信息要及时进行预警。

充分发挥安全生产应急救援队伍的作用，坚持“险时搞救援，平时搞防范”的原则，建立应急救援队伍参与事故预防和隐患排查整改的工作机制。组织矿山、危险化学品及其他相关救援队伍参与企业的安全检查、隐患排查、事故调查、危险源监控以及应急知识培训等工作。国家级区域救援基地和骨干救援队伍要发挥辐射带动作用，根据自身特点和优势，广泛开展技术业务咨询和服务，帮助企业特别是中小企业做好相关工作。

以生产经营单位、社区和乡镇为重点加强基层和现场的应急管理工作。从建立健全应急预案、建立救援队伍、加大应急投入、完

善救援保障、普及应急知识等方面入手，将各项工作落实到各环节、各岗位，全面加强基层安全生产应急管理工作，提高第一时间的应急处置水平和能力。

八、做好安全生产事故救援工作

按照国务院办公厅加强和改进突发公共事件信息报告工作的要求，做好信息报告等工作。对重特大事故灾难信息、可能导致重特大事故的险情，或者其他灾害和灾难可能导致重特大安全生产事故灾难的重要信息，各级安全监管部门、其他有关部门和各生产经营单位要及时上报并密切关注事态发展，做好应急准备和处置工作。

发生事故的单位要立即启动应急预案，组织现场抢救，控制险情，减少损失。要在各级政府的统一领导下，依靠科技手段，加强事故发展趋势预测工作，发挥专家的作用，科学制定事故现场救援方案。同时，建立事故应急救援的现场组织工作机制，加强协调配合，有效组织各类应急救援队伍和救援力量，调集救援物资与装备，开展应急救援工作。各级安全监管部门及其应急指挥机构要会同有关部门加强对事故现场救援的具体组织、指导、协调工作。

高度重视安全生产事故灾难的信息发布、舆论引导工作，为处置事故灾难营造良好的舆论环境。坚持正面宣传，及时、准确发布信息，正确引导舆论。充分发挥中央和地方主流新闻媒体的舆论引导作用，安全监管系统及各行业内各类媒体要积极发挥作用。

安全生产事故灾难善后处置工作结束后，现场应急救援指挥部要分析总结应急救援经验教训，提出改进建议。各级安全监管部门和其他有安全监管职责的部门要对所辖区域内安全生产事故灾难的处置、相关防范工作和应急管理工作进行评估，及时改进工作，提高应急管理工作水平。

九、加强安全生产应急管理培训和宣传教育工作

将安全生产应急管理和应急救援培训纳入安全生产教育培训体系。在有关注册安全工程师、安全评价师等安全生产类资格培训，

以及特种作业培训、企业主要负责人培训、安全生产管理人员培训和市、县长等培训中增加安全生产应急管理的内容。分类组织开发应急管理和应急救援培训适用教材，加强培训管理，提高培训质量。生产经营单位要加强对从业人员的应急管理知识和应急救援内容的培训，特别是要加强重点岗位人员的应急知识培训，提高现场应急处置能力。

充分发挥出版、广播、电视、报纸、网络等文化宣传力量的作用，通过各种有效方式，加大宣传力度。要使安全生产应急管理的法律法规、应急预案、救援知识进企业、进机关、进学校、进社区，普及安全生产事故预防、避险、自救、互救和应急处置知识，提高生产经营单位从业人员救援技能，增强社会公众的安全意识和应对事故灾难的能力。

十、加强安全生产应急管理支撑保障体系建设

依靠科技进步，提高安全生产应急管理和应急救援水平。成立国家、专业、地方安全生产应急管理专家组，对应急管理、事故救援提供技术支持；依托大型企业、院校、科研院所，建立安全生产应急管理研究和工程中心，开展突发性事故灾难预防、处置的研究攻关；鼓励、支持救援技术装备的自主创新，引进、消化吸收先进救援技术和装备，提高应急救援装备的科技含量。

建立政府、企业、社会相结合的多方共同支持的安全生产应急保障投入机制。各级安全监管部门和其他有安全监管职责的部门要根据国家有关规定，积极争取将安全生产应急管理和应急救援需要政府负担的经费，纳入本级财政年度预算。制定安全生产应急救援队伍有偿服务的指导意见和管理办法，建立安全生产应急救援队伍正常的经费渠道。企业要建立安全生产应急管理的投入保障机制。

加强与有关国家、地区及国际组织在安全生产应急管理和应急救援领域的交流与合作。积极参与国际矿山救援技术竞赛以及国际安全生产应急救援活动。密切跟踪研究国际安全生产应急管理发展

的动态和趋势，开展重大项目的研究与合作。继续组织国际交流和学习培训，学习、借鉴国外事故灾难预防、处置和应急体系建设等方面的有益经验。

六、《生产安全事故应急预案管理办法》

第一章 总 则

第一条 为了规范生产安全事故应急预案的管理，完善应急预案体系，增强应急预案的科学性、针对性、实效性，依据《中华人民共和国突发事件应对法》《中华人民共和国安全生产法》和国务院有关规定，制定本办法。

第二条 生产安全事故应急预案（以下简称应急预案）的编制、评审、发布、备案、培训、演练和修订等工作，适用本办法。

法律、行政法规和国务院另有规定的，依照其规定。

第三条 应急预案的管理遵循综合协调、分类管理、分级负责、属地为主的原则。

第四条 国家安全生产监督管理总局负责应急预案的综合协调管理工作。国务院其他负有安全生产监督管理职责的部门按照各自的职责负责本行业、本领域内应急预案的管理工作。

县级以上地方各级人民政府安全生产监督管理部门负责本行政区域内应急预案的综合协调管理工作。县级以上地方各级人民政府其他负有安全生产监督管理职责的部门按照各自的职责负责辖区内本行业、本领域应急预案的管理工作。

第二章 应急预案的编制

第五条 应急预案的编制应当符合下列基本要求：

（一）符合有关法律、法规、规章和标准的规定；

（二）结合本地区、本部门、本单位的安全生产实际情况；

（三）结合本地区、本部门、本单位的危险性分析情况；

（四）应急组织和人员的职责分工明确，并有具体的落实措施；

（五）有明确、具体的事故预防措施和应急程序，并与其应急能力相适应；

（六）有明确的应急保障措施，并能满足本地区、本部门、本单位的应急工作要求；

（七）预案基本要素齐全、完整，预案附件提供的信息准确；

（八）预案内容与相关应急预案相互衔接。

第六条 地方各级安全生产监督管理部门应当根据法律、法规、规章和同级人民政府以及上一级安全生产监督管理部门的应急预案，结合工作实际，组织制定相应的部门应急预案。

第七条 生产经营单位应当根据有关法律、法规和《生产经营单位安全生产事故应急预案编制导则》（AQ/T 9002—2006），结合本单位的危险源状况、危险性分析情况和可能发生的事故特点，制定相应的应急预案。

生产经营单位的应急预案按照针对情况的不同，分为综合应急预案、专项应急预案和现场处置方案。

第八条 生产经营单位风险种类多、可能发生多种事故类型的，应当组织编制本单位的综合应急预案。

综合应急预案应当包括本单位的应急组织机构及其职责、预案体系及响应程序、事故预防及应急保障、应急培训及预案演练等主要内容。

第九条 对于某一种类的风险，生产经营单位应当根据存在的重大危险源和可能发生的事故类型，制定相应的专项应急预案。

专项应急预案应当包括危险性分析、可能发生的事故特征、应急组织机构与职责、预防措施、应急处置程序和应急保障等内容。

第十条 对于危险性较大的重点岗位，生产经营单位应当制定重点工作岗位的现场处置方案。

现场处置方案应当包括危险性分析、可能发生的事故特征、应急处置程序、应急处置要点和注意事项等内容。

第十一条　生产经营单位编制的综合应急预案、专项应急预案和现场处置方案之间应当相互衔接，并与所涉及的其他单位的应急预案相互衔接。

第十二条　应急预案应当包括应急组织机构和人员的联系方式、应急物资储备清单等附件信息。附件信息应当经常更新，确保信息准确有效。

第三章　应急预案的评审

第十三条　地方各级安全生产监督管理部门应当组织有关专家对本部门编制的应急预案进行审定；必要时，可以召开听证会，听取社会有关方面的意见。涉及相关部门职能或者需要有关部门配合的，应当征得有关部门同意。

第十四条　矿山、建筑施工单位和易燃易爆物品、危险化学品、放射性物品等危险物品的生产、经营、储存、使用单位和中型规模以上的其他生产经营单位，应当组织专家对本单位编制的应急预案进行评审。评审应当形成书面纪要并附有专家名单。

前款规定以外的其他生产经营单位应当对本单位编制的应急预案进行论证。

第十五条　参加应急预案评审的人员应当包括应急预案涉及的政府部门工作人员和有关安全生产及应急管理方面的专家。

评审人员与所评审预案的生产经营单位有利害关系的，应当回避。

第十六条　应急预案的评审或者论证应当注重应急预案的实用性、基本要素的完整性、预防措施的针对性、组织体系的科学性、响应程序的操作性、应急保障措施的可行性、应急预案的衔接性等内容。

第十七条　生产经营单位的应急预案经评审或者论证后，由生产经营单位主要负责人签署公布。

第四章　应急预案的备案

第十八条　地方各级安全生产监督管理部门的应急预案，应当报同级人民政府和上一级安全生产监督管理部门备案。

其他负有安全生产监督管理职责的部门的应急预案，应当抄送同级安全生产监督管理部门。

第十九条　中央管理的总公司（总厂、集团公司、上市公司）的综合应急预案和专项应急预案，报国务院国有资产监督管理部门、国务院安全生产监督管理部门和国务院有关主管部门备案；其所属单位的应急预案分别抄送所在地的省、自治区、直辖市或者设区的市人民政府安全生产监督管理部门和有关主管部门备案。

前款规定以外的其他生产经营单位中涉及实行安全生产许可的，其综合应急预案和专项应急预案，按照隶属关系报所在地县级以上地方人民政府安全生产监督管理部门和有关主管部门备案；未实行安全生产许可的，其综合应急预案和专项应急预案的备案，由省、自治区、直辖市人民政府安全生产监督管理部门确定。

煤矿企业的综合应急预案和专项应急预案除按照本条第一款、第二款的规定报安全生产监督管理部门和有关主管部门备案外，还应当抄报所在地的煤矿安全监察机构。

第二十条　生产经营单位申请应急预案备案，应当提交以下材料：

（一）应急预案备案申请表；

（二）应急预案评审或者论证意见；

（三）应急预案文本及电子文档。

第二十一条　受理备案登记的安全生产监督管理部门应当对应急预案进行形式审查，经审查符合要求的，予以备案并出具应急预案备案登记表；不符合要求的，不予备案并说明理由。

对于实行安全生产许可的生产经营单位，已经进行应急预案备案登记的，在申请安全生产许可证时，可以不提供相应的应急预案，仅提供应急预案备案登记表。

第二十二条　各级安全生产监督管理部门应当指导、督促检查生产经营单位做好应急预案的备案登记工作，建立应急预案备案登记建档制度。

第五章　应急预案的实施

第二十三条　各级安全生产监督管理部门、生产经营单位应当采取多种形式开展应急预案的宣传教育，普及生产安全事故预防、避险、自救和互救知识，提高从业人员安全意识和应急处置技能。

第二十四条　各级安全生产监督管理部门应当将应急预案的培训纳入安全生产培训工作计划，并组织实施本行政区域内重点生产经营单位的应急预案培训工作。

生产经营单位应当组织开展本单位的应急预案培训活动，使有关人员了解应急预案内容，熟悉应急职责、应急程序和岗位应急处置方案。

应急预案的要点和程序应当张贴在应急地点和应急指挥场所，并设有明显的标志。

第二十五条　各级安全生产监督管理部门应当定期组织应急预案演练，提高本部门、本地区生产安全事故应急处置能力。

第二十六条　生产经营单位应当制定本单位的应急预案演练计划，根据本单位的事故预防重点，每年至少组织一次综合应急预案演练或者专项应急预案演练，每半年至少组织一次现场处置方案演练。

第二十七条　应急预案演练结束后，应急预案演练组织单位应当对应急预案演练效果进行评估，撰写应急预案演练评估报告，分析存在的问题，并对应急预案提出修订意见。

第二十八条　各级安全生产监督管理部门应当每年对应急预案的管理情况进行总结。应急预案管理工作总结应当报上一级安全生产监督管理部门。

其他负有安全生产监督管理职责的部门的应急预案管理工作总结应当抄送同级安全生产监督管理部门。

第二十九条　地方各级安全生产监督管理部门制定的应急预案，应当根据预案演练、机构变化等情况适时修订。

生产经营单位制定的应急预案应当至少每三年修订一次，预案修订情况应有记录并归档。

第三十条　有下列情形之一的，应急预案应当及时修订：

（一）生产经营单位因兼并、重组、转制等导致隶属关系、经营方式、法定代表人发生变化的；

（二）生产经营单位生产工艺和技术发生变化的；

（三）周围环境发生变化，形成新的重大危险源的；

（四）应急组织指挥体系或者职责已经调整的；

（五）依据的法律、法规、规章和标准发生变化的；

（六）应急预案演练评估报告要求修订的；

（七）应急预案管理部门要求修订的。

第三十一条　生产经营单位应当及时向有关部门或者单位报告应急预案的修订情况，并按照有关应急预案报备程序重新备案。

第三十二条　生产经营单位应当按照应急预案的要求配备相应的应急物资及装备，建立使用状况档案，定期检测和维护，使其处于良好状态。

第三十三条　生产经营单位发生事故后，应当及时启动应急预案，组织有关力量进行救援，并按照规定将事故信息及应急预案启动情况报告安全生产监督管理部门和其他负有安全生产监督管理职责的部门。

第六章　奖励与处罚

第三十四条　对于在应急预案编制和管理工作中做出显著成绩的单位和人员，安全生产监督管理部门、生产经营单位可以给予表彰和奖励。

第三十五条　生产经营单位应急预案未按照本办法规定备案的，由县级以上安全生产监督管理部门给予警告，并处三万元以下罚款。

第三十六条　生产经营单位未制定应急预案或者未按照应急预案采取预防措施，导致事故救援不力或者造成严重后果的，由县级以上安全生产监督管理部门依照有关法律、法规和规章的规定，责令停产停业整顿，并依法给予行政处罚。

第七章　附　　则

第三十七条　《生产经营单位生产安全事故应急预案备案申请表》《生产经营单位生产安全事故应急预案备案登记表》由国家安全生产应急救援指挥中心统一制定。

第三十八条　各省、自治区、直辖市安全生产监督管理部门可以依据本办法的规定，结合本地区实际制定实施细则。

第三十九条　本办法自 2009 年 5 月 1 日起施行。

第六章　依法报告生产安全事故、协助事故调查的责任

第一节　生产安全事故报告要求与责任

一、生产安全事故报告原则要求

事故报告是安全生产工作中一项十分重要的内容，事故发生后，及时、准确、完整地报告事故，对于及时、有效地组织事故救援，减少事故损失，顺利开展事故调查具有十分重要的意义。因此，《安全生产法》和《生产安全事故报告和调查处理条例》都对生产安全事故报告工作提出了严格要求。

《生产安全事故报告和调查处理条例》第四条第一款规定，生产安全事故报告应当及时、准确、完整，任何单位和个人对事故不得迟报、漏报、谎报或者瞒报。

《安全生产法》第七十条、第七十一条对事故的报告作出了以下规定：

生产经营单位发生生产安全事故后，事故现场有关人员应当立即报告本单位负责人。单位负责人接到事故报告后，应当迅速采取有效措施，组织抢救，防止事故扩大，减少人员伤亡和财产损失，并按照国家有关规定立即如实报告当地负有安全生产监督管理职责的部门，不得隐瞒不报、谎报或者拖延不报，不得故意破坏事故现场、毁灭有关证据。

负有安全生产监督管理职责的部门接到事故报告后，应当立即按照国家有关规定上报事故情况。负有安全生产监督管理职责的部门和有关地方人民政府对事故情况不得隐瞒不报、谎报或者拖延

不报。

二、生产安全事故报告责任

《安全生产法》和《生产安全事故报告和调查处理条例》都明确规定了事故报告责任，下列人员和单位负有报告事故的责任：

（1）事故现场有关人员。

（2）事故发生单位的主要负责人。

（3）安全生产监督管理部门。

（4）负有安全生产监督管理职责的有关部门。

（5）有关地方人民政府。

事故单位负责人既有向县级以上人民政府安全生产监督管理部门报告的责任，又有向负有安全生产监督管理职责的有关部门报告的责任，即事故报告是两条线，实行双报告制。

安全生产监督管理部门和负有安全生产监督管理职责的有关部门，既有向上级部门报告事故的责任，又有同时报告本级人民政府的责任。

第二节　生产安全事故报告程序和时限

根据《生产安全事故报告和调查处理条例》的有关规定，事故现场有关人员、事故单位负责人和有关部门应当按照下列程序和时间要求报告事故：

（1）事故发生后，事故现场有关人员应当立即向本单位负责人报告；情况紧急时，事故现场有关人员可以直接向事故发生地县级以上人民政府安全生产监督管理部门和负有安全生产监督管理职责的有关部门报告。

（2）单位负责人接到事故报告后，应当于1小时内向事故发生地县级以上人民政府安全生产监督管理部门和负有安全生产监督管理职责的有关部门报告。

（3）安全生产监督管理部门和负有安全生产监督管理职责的有关部门接到事故报告后，应当按照事故的级别逐级上报事故情况，并报告同级人民政府，通知公安机关、劳动保障行政部门、工会和人民检察院，且每级上报的时间不得超过 2 小时。

1）特别重大事故、重大事故逐级上报至国务院安全生产监督管理部门和负有安全生产监督管理职责的有关部门。

2）较大事故逐级上报至省、自治区、直辖市人民政府安全生产监督管理部门和负有安全生产监督管理职责的有关部门。

3）一般事故上报至设区的市级人民政府安全生产监督管理部门和负有安全生产监督管理职责的有关部门。

（4）国务院安全生产监督管理部门和负有安全生产监督管理职责的有关部门以及省级人民政府接到发生特别重大事故、重大事故的报告后，应当立即报告国务院。

必要时，安全生产监督管理部门和负有安全生产监督管理职责的有关部门可以越级上报事故情况。

第三节　生产安全事故报告的内容

一、事故报告的内容

根据《生产安全事故报告和调查处理条例》的有关规定，事故报告的内容应当包括事故发生单位概况，事故发生的时间、地点、简要经过和事故现场情况，事故已经造成或者可能造成的伤亡人数和初步估计的直接经济损失，以及已经采取的措施等。事故报告后出现新情况的，还应当及时补报。

1. 事故发生单位概况

事故发生单位概况应当包括：单位的全称、所处地理位置、所有制形式和隶属关系、生产经营范围和规模、持有各类证照的情况、单位负责人的基本情况以及近期的生产经营状况等。对于不同行业的企业，报告的内容应该根据实际情况来确定，但是应当以全面、简洁为原则。

2. 事故发生的时间、地点以及事故现场情况

报告事故发生的时间应当具体，并尽量精确到分钟。报告事故发生的地点要准确，除事故发生的中心地点外，还应当报告事故所波及的区域。报告事故现场的情况应当全面，不仅应当报告现场的总体情况，还应当报告现场的人员伤亡情况、设备设施的毁损情况；不仅应当报告事故发生后的现场情况，还应当尽量报告事故发生前的现场情况。

3. 事故的简要经过

事故的简要经过是对事故全过程的简要叙述，核心要求在于“全”和“简”。“全”就是要全过程描述，“简”就是要简单明了。但是，描述要前后衔接、脉络清晰、因果相连。需要强调的是，由于事故的发生往往是在一瞬间，因此对事故经过的描述应当特别注意事故发生前作业场所有关人员和设备设施的一些细节，因为这些细节可能就是引发事故的重要原因。

4. 事故已经造成或者可能造成的伤亡人数（包括下落不明的人数）和初步估计的直接经济损失

对于人员伤亡情况的报告，应当遵循实事求是的原则，不做无根据的猜测，更不能隐瞒实际伤亡人数。在矿山事故中，往往出现多人被困井下的情况，对可能造成的伤亡人数，要根据事故单位当班记录，尽可能准确地报告。对直接经济损失的初步估算，主要是指事故所导致的建筑物毁损、生产设备设施和仪器仪表损坏等。由于人员伤亡情况和经济损失情况直接影响事故等级的划分，并因此决定事故的调查处理等后续重大问题，所以在报告这方面情况时应当谨慎细致，力求准确。

5. 已经采取的措施

已经采取的措施主要是指事故现场有关人员、事故单位负责人、已经接到事故报告的安全生产管理部门，为减少损失、防止事故扩大和便于事故调查，所采取的应急救援和现场保护等具体措施。

6. 事故的补报

事故报告后出现新情况的，应当及时补报。自事故发生之日起30日内，事故造成的伤亡人数发生变化的，应当及时补报。道路交通事故、火灾事故自发生之日起7日内，事故造成的伤亡人数发生变化的，应当及时补报。

二、事故调度统计报告

国家安全生产监督管理总局《关于印发〈安全生产调度统计业务规范〉的通知》（安监总厅字［2005］56号）和《国家安全生产监督管理总局关于调整生产安全事故调度统计报告的通知》（安监总调度［2007］120号），对生产安全事故调度统计报告的范围、内容和时限作出了以下规定：

1. 事故调度统计报告的范围

（1）生产经营活动中发生的造成人员死亡、重伤（包括急性工业中毒）或者直接经济损失在100万元以上的各类生产安全事故。

（2）各类非法生产经营事故。

（3）事故性质暂时界定不清的各类事故。

调度快报事故范围是指生产经营活动中各行业领域发生的特别重大事故、重大事故、较大事故和煤矿一般事故，较大以上涉险事故，事故性质暂时不清的较大及以上事故。

2. 事故调度统计报告的内容

（1）事故发生的时间：年、月、日、时、分。

（2）事故发生地：省（区、市）、市（地）、县（市）、乡（镇）。

（3）发生事故的单位名称、经济类型：国有和国有控股、集体和集体控股、民营和民营控股以及合资、外资等。

（4）事故类型：按照各行业和领域的事故类型报告。

（5）生产规模和能力：设计、核定。

（6）发生事故单位的安全评估等级和持有证件情况。

（7）发生事故的车辆、船舶、飞行器、容器等的牌号、名称及核载、实载情况。

（8）事故简要情况：事故经过及事故原因初步分析。

（9）事故现场总人数和伤亡人数：死亡、失踪、被困、轻伤、重伤、急性工业中毒等。

（10）初步估计事故造成的直接经济损失。

（11）事故抢救进展情况和采取的措施。

3. 事故调度统计报告的时限

省级安全生产监督管理部门、煤矿安全监察机构接到较大及以上事故报告后，要在 2 小时内报送至国家安监总局（调度统计司）。对事故情况暂时不清的，可先报送事故概况并及时跟踪，或有新情况后续报。

省级煤矿安全监察机构接到煤矿一般事故报告后，每周周五前和每月月末报送至国家安监总局（调度统计司）。

4. 事故快报的方式

接到事故发生信息后，根据事故情况，按以下方式逐级报送：

（1）一次死亡（遇险）10 人以下事故，使用国家安全生产监督管理总局统一的网络传输软件报送，尚不具备网络传输条件的可使用传真报送。

（2）一次死亡（遇险）10 人以上（含 10 人）事故、社会影响重大事故和重特大未遂伤亡事故发生后，使用网络传输软件和电话同时报告，不具备网络传输条件的使用传真和电话同时报告。

三、事故统计月报

1. 事故统计月报的内容

生产安全事故基本情况包括：事故发生单位的名称和地址、事故死亡、事故重伤（包括急性工业中毒）、直接经济损失、事故原因、事故类别等内容。

2. 事故统计月报的时限

省级安全生产监督管理部门、煤矿安全监察机构应按照《安全监管总局办公厅关于调整生产安全事故报告时间的通知》（安监总厅统计［2007］37号）要求，于每月6日前，将上月本地区工矿商贸企业各类生产安全事故卡片报送至国家安监总局（调度统计司）。

3. 事故统计月报的报送方式

各类工矿商贸企业伤亡事故由安全生产监督管理部门负责统计报告，煤矿企业伤亡事故由煤矿安全监察机构负责统计报告（未设立煤矿安全监察机构的地区，由当地安全生产监督管理部门报告）。

使用国家安监总局统一的伤亡事故统计软件并通过专用网络报送伤亡事故统计卡片；尚不具备专用网络传输条件的单位，可使用公共网络报送事故统计卡片。

第四节 生产安全事故调查

一、事故现场调查

事故现场调查主要包括事故现场保护、事故现场处理和勘察、事故证据的收集整理三部分。作为事发企业，应当重点关注以下两部分。

1. 事故现场保护

事故调查组的首要任务是进行事故现场保护，因为事故现场的各种证据是判断事故原因以及确定事故责任的重要物质条件，需要尽量给予保护。但是，由于在事故救援阶段，各种人员的出入会对事故现场造成破坏，另外群众的围观也会给现场保护工作带来影响，所以应从以下几个方面开展工作，以保护事故现场免受过多破坏。

《生产安全事故报告和调查处理条例》第十六条规定："事故发生后，有关单位和人员应当妥善保护事故现场以及相关证据，任何人不得破坏事故现场、毁灭相关证据。"这里明确了两个问题：一是保护事故现场以及相关证据是有关单位和人员的法定义务。所谓有关单位和人员，是指保护事故现场的义务主体，既包括在事故现场的事故发生单位及其有关人员，也包括在事故现场的有关地方人民政府安全生产监管部门、负有安全生产监管职责的有关部门、事故应急救援组织等单位及其有关人员，只要是在事故现场的单位和人员，都有妥善保护现场和相关证据的义务。二是禁止破坏事故现场、毁灭有关证据。无论是过失还是故意，有关单位和人员均不得破坏事故现场、毁灭相关证据。有上述行为的，将要承担相应的法律责任。保护事故现场要注意做好以下几个方面的工作：

（1）核实事故情况，尽快上报事故情况。

（2）确定保护区的范围，布置警戒线。

（3）控制好事故肇事人。

（4）尽量收集事故相关信息，以便事故调查组查阅。

事故现场的保护要方法得当。对露天事故现场的保护，范围可以大一些，然后根据实际情况再做调整；对生产车间事故现场的保护，主要采取封锁入口、控制人员进出的措施；对于事故破损部件、残留件等不能触碰，以免破坏事故现场。

2. 事故现场处理和勘察

（1）事故现场处理。当调查组进入现场或进行模拟试验需要移动某些物体时，必须做好现场标志，同时要采用照相或摄像方式，将可能被清除或毁损的痕迹记录下来，以保证现场调查能获得完整的事故信息。调查组进入事故现场进行调查的过程中，在事故调查分析没有形成结论以前，要注意保护事故现场，不得破坏与事故有关的物体、痕迹、状态等。

(2) 现场勘察与证物收集。对因事故损坏的物体、部件和其碎片、残留物以及致害物的位置等，均应贴上标签，注明时间、地点、管理者；所有物件应保持原样，不得冲洗擦拭；对健康有害的物品，应采取不损坏原始证据的安全保护措施。

(3) 事故现场摄影

1) 方位拍照：要能反映事故现场在周围环境中的位置。

2) 全面拍照：要能反映事故现场各部分之间的联系。

3) 中心拍照：要能反映事故现场中心情况。

4) 细目拍照：解释事故直接原因的痕迹物、致害物等。

5) 人体拍照：要能反映造成死亡者死亡的要害部位。

(4) 事故图绘制。根据事故类别和规模以及调查工作的需要，绘出事故调查分析所必须了解的信息示意图，如建筑物平面图、剖面图，事故现场涉及范围图，设备或工具器具构造简图、流程图，受害者位置图，事故状态下人员位置及疏散图，破坏物立体图或展开图等。

(5) 证人材料收集。尽快收集证人口述材料，然后认真考证其真实性，听取单位领导和群众的意见。

(6) 事故有关材料收集

1) 与事故鉴别、记录有关的材料。包括事故发生的单位、地点、时间，受害者和肇事者的姓名、性别、文化程度、职业、技术等级、本工种工龄、支付工资形式；受害者和肇事者的技术情况、接受安全教育情况；出事当天，受害者和肇事者什么时间开始工作，工作内容、工作量、作业程序、操作时的动作或位置；受害者和肇事者过去的故事记录。

2) 事故发生的有关事实材料。包括事故发生前设备、设施等的性能和质量状况；必要时对使用的材料进行物理性能或化学性能试验分析；有关涉及工艺方面的技术文件、工作指令和规章制度方面的资料及执行情况；关于环境方面的情况，如照明、温度、湿度、通风、声响、色彩、道路、工作情况以及工作环境中的有毒有害物质取样分析记录；个人防护措施状况及个人防护用品的有效性、质量、使用范围；出事前受害者和肇事者的健康和精神状态；其他可能与事故有关的细节或因素。

二、事故原因调查分析

事故原因调查分析包括事故直接原因和间接原因的调查分析。调查分析事故发生的直接原因就是分别对人和物的因素进行深入、细致的追踪，弄清在人和物方面所有的事故因素，明确它们之间的相互关系和其对事故发生所起作用的重要程度，从中确定事故发生的直接原因。

事故间接原因的调查分析就是找出导致产生人的不安全行为、物的不安全状态，以及人、物、环境失调的原因，弄清为什么产生不安全行为和不安全状态，为什么没能在事故发生前采取措施，预防事故的发生。

导致事故发生的原因是多方面的，主要可以概括为以下三个方面的原因：

（1）劳动过程中设备、设施和环境等因素是导致事故发生的重要原因。这些因素主要包括：生产环境的优劣、生产设备的状态、生产工艺是否合理、原材料的毒害程度。这些是硬件方面的原因，也属于比较直接的原因。

（2）安全生产管理方面的因素是导致事故发生的主要原因。这里主要包括：安全生产规章制度是否完善，安全生产责任制是否落实，安全生产组织机构是否开展有效工作，安全生产经费是否到位，安全生产宣传教育工作开展情况，安全防护装置保养状况，安全警告标志和逃生通道是否齐全等。这些原因相对需要认真分析，属于更深入的原因。

(3) 事故肇事者的状况是导致事故发生的直接原因。这里主要包括：肇事者的操作水平和熟练程度、经验是否丰富、精神状态是否良好、是否违章操作等。人的因素是事故原因中很重要的因素，需要重点分析，也是导致事故发生、发展的关键原因。

对事故进行分析有很多方法，目的都是为了找到导致事故发生的原因。首先从专项技术的角度来探讨事故的技术原因，然后从事故统计的高度探讨宏观的事故统计分析法，最后通过安全系统分析法从全局的角度全面分析事故的发生、发展过程。这是一种递进的层次关系。

三、确定事故责任

查找事故原因的目的是确定事故责任。事故调查分析不仅要明确事故原因，更重要的是确定事故责任，落实防范措施，确保不再出现同类事故。这是加强安全生产的重要手段。目前，根据事故性质可分为责任事故、非责任事故和人为破坏事故。

(1) 责任事故。这是指由于工作不到位导致的事故，是一种可以预防的事故。责任事故需要处理相关责任人。

(2) 非责任事故。这是指由于一些不可抗拒的力量而导致的事故。发生这些事故的原因主要是由于人类对自然世界的认识水平有限，需要在今后的工作中加以预防，防止同类事故的再次发生。

(3) 人为破坏事故。这是指有人预先恶意地对机器设备以及其他因素进行调整，导致其他人员在不知情的情况下发生了事故。这类事故一般属于刑事案件，相关责任人要受到法律的制裁。

事故责任人主要包括直接责任人、领导责任人和间接责任人。

(1) 直接责任人。这是指当事人与重大事故及其损失有直接因果关系，是对事故发生以及导致的一系列后果起决定性作用的人员。

(2) 领导责任人。这是指当事人的行为虽然没有直接导致事故发生，但由于其领导监管不力而导致事故发生所应承担责任的人员。

(3) 间接责任人。这是指当事人与事故的发生有间接关系，需要承担相应责任的人员。

事故责任的确定是整个事故调查分析中最难的环节，因为责任确定的过程就是将事故原因分解给不同人员的过程。这个问题说起来很简单，但对于事故调查组成员来说，无论处理谁都是不情愿的。但事故的责任人必须受到处罚，所以事故调查组必须公正地对待所有涉及事故的人员，公平、公正、科学、合理地确定相应的责任。凡因下述原因造成事故，首先应追究领导者的责任：

(1) 没有按规定对职工进行安全教育和技术培训，或未经考试合格就上岗操作的。

(2) 缺乏安全技术操作规程或制度与规程不健全的。

(3) 设备严重失修或超负荷运转。

(4) 安全措施、安全信号、安全标志、安全用具、个人防护用品缺乏或有缺陷的。

(5) 对事故熟视无睹，不认真采取措施或挪用安全生产经费，致使同类事故重复发生的。

(6) 对现场工作缺乏检查或指导错误的。

特大生产安全事故肇事单位和个人的刑事处罚、行政处罚和民事责任，依照有关法律、法规和规章的规定执行。

第五节　生产安全事故报告和调查处理相关法律法规规定

一、《安全生产法》相关规定

第十三条　国家实行生产安全事故责任追究制度，依照本法和有关法律、法规的规定，追究生产安全事故责任人员的法律责任。

第十七条　生产经营单位的主要负责人对本单位安全生产工作负有下列职责：

……

及时、如实报告生产安全事故。

第六十三条　负有安全生产监督管理职责的部门应当建立举报制度，公开举报电话、信箱或者电子邮件地址，受理有关安全生产的举报；受理的举报事项经调查核实后，应当形成书面材料；需要落实整改措施的，报经有关负责人签字并督促落实。

第六十四条　任何单位或者个人对事故隐患或者安全生产违法行为，均有权向负有安全生产监督管理职责的部门报告或者举报。

第六十五条　居民委员会、村民委员会发现其所在区域内的生产经营单位存在事故隐患或者安全生产违法行为时，应当向当地人民政府或者有关部门报告。

第七十条　生产经营单位发生生产安全事故后，事故现场有关人员应当立即报告本单位负责人。

单位负责人接到事故报告后，应当迅速采取有效措施，组织抢救，防止事故扩大，减少人员伤亡和财产损失，并按照国家有关规定立即如实报告当地负有安全生产监督管理职责的部门，不得隐瞒不报、谎报或者拖延不报，不得故意破坏事故现场、毁灭有关证据。

第七十一条　负有安全生产监督管理职责的部门接到事故报告后，应当立即按照国家有关规定上报事故情况。负有安全生产监督管理职责的部门和有关地方人民政府对事故情况不得隐瞒不报、谎报或者拖延不报。

第七十二条　有关地方人民政府和负有安全生产监督管理职责的部门的负责人接到重大生产安全事故报告后，应当立即赶到事故现场，组织事故抢救。

任何单位和个人都应当支持、配合事故抢救，并提供一切便利条件。

第七十三条　事故调查处理应当按照实事求是、尊重科学的原则，及时、准确地查清事故原因，查明事故性质和责任，总结事故教训，提出整改措施，并对事故责任者提出处理意见。事故调查和处理的具体办法由国务院制定。

第七十四条　生产经营单位发生生产安全事故，经调查确定为责任事故的，除了应当查明事故单位的责任并依法予以追究外，还应当查明对安全生产的有关事项负有审查批准和监督职责的行政部门的责任，对有失职、渎职行为的，依照本法第七十七条的规定追究法律责任。

第七十五条　任何单位和个人不得阻挠和干涉对事故的依法调查处理。

第七十六条　县级以上地方各级人民政府负责安全生产监督管理的部门应当定期统计分析本行政区域内发生生产安全事故的情况，并定期向社会公布。

第九十一条　生产经营单位主要负责人在本单位发生重大生产安全事故时，不立即组织抢救或者在事故调查处理期间擅离职守或者逃匿的，给予降职、撤职的处分，对逃匿的处十五日以下拘留；构成犯罪的，依照刑法有关规定追究刑事责任。

生产经营单位主要负责人对生产安全事故隐瞒不报、谎报或者拖延不报的，依照前款规定处罚。

第九十二条　有关地方人民政府、负有安全生产监督管理职责的部门，对生产安全事故隐瞒不报、谎报或者拖延不报的，对直接负责的主管人员和其他直接责任人员依法给予行政处分；构成犯罪的，依照刑法有关规定追究刑事责任。

二、《生产安全事故报告和调查处理条例》

第一章　总　　则

第一条　为了规范生产安全事故的报告和调查处理，落实生产安全事故责任追究制度，防止和减少生产安全事故，根据《中华人民共和国安全生产法》和有关法律，制定本条例。

第二条 生产经营活动中发生的造成人身伤亡或者直接经济损失的生产安全事故的报告和调查处理，适用本条例；环境污染事故、核设施事故、国防科研生产事故的报告和调查处理不适用本条例。

第三条 根据生产安全事故（以下简称事故）造成的人员伤亡或者直接经济损失，事故一般分为以下等级：

（一）特别重大事故，是指造成 30 人以上死亡，或者 100 人以上重伤（包括急性工业中毒，下同），或者 1 亿元以上直接经济损失的事故；

（二）重大事故，是指造成 10 人以上 30 人以下死亡，或者 50 人以上 100 人以下重伤，或者 5 000 万元以上 1 亿元以下直接经济损失的事故；

（三）较大事故，是指造成 3 人以上 10 人以下死亡，或者 10 人以上 50 人以下重伤，或者 1 000 万元以上 5 000 万元以下直接经济损失的事故；

（四）一般事故，是指造成 3 人以下死亡，或者 10 人以下重伤，或者 1 000 万元以下直接经济损失的事故。

国务院安全生产监督管理部门可以会同国务院有关部门，制定事故等级划分的补充性规定。

本条第一款所称的“以上”包括本数，所称的“以下”不包括本数。

第四条 事故报告应当及时、准确、完整，任何单位和个人对事故不得迟报、漏报、谎报或者瞒报。

事故调查处理应当坚持实事求是、尊重科学的原则，及时、准确地查清事故经过、事故原因和事故损失，查明事故性质，认定事故责任，总结事故教训，提出整改措施，并对事故责任者依法追究责任。

第五条 县级以上人民政府应当依照本条例的规定，严格履行职责，及时、准确地完成事故调查处理工作。

事故发生地有关地方人民政府应当支持、配合上级人民政府或者有关部门的事故调查处理工作，并提供必要的便利条件。

参加事故调查处理的部门和单位应当互相配合，提高事故调查处理工作的效率。

第六条 工会依法参加事故调查处理，有权向有关部门提出处理意见。

第七条 任何单位和个人不得阻挠和干涉对事故的报告和依法调查处理。

第八条 对事故报告和调查处理中的违法行为，任何单位和个人有权向安全生产监督管理部门、监察机关或者其他有关部门举报，接到举报的部门应当依法及时处理。

第二章 事故报告

第九条 事故发生后，事故现场有关人员应当立即向本单位负责人报告；单位负责人接到报告后，应当于1小时内向事故发生地县级以上人民政府安全生产监督管理部门和负有安全生产监督管理职责的有关部门报告。

情况紧急时，事故现场有关人员可以直接向事故发生地县级以上人民政府安全生产监督管理部门和负有安全生产监督管理职责的有关部门报告。

第十条 安全生产监督管理部门和负有安全生产监督管理职责的有关部门接到事故报告后，应当依照下列规定上报事故情况，并通知公安机关、劳动保障行政部门、工会和人民检察院：

（一）特别重大事故、重大事故逐级上报至国务院安全生产监督管理部门和负有安全生产监督管理职责的有关部门；

（二）较大事故逐级上报至省、自治区、直辖市人民政府安全生产监督管理部门和负有安全生产监督管理职责的有关部门；

（三）一般事故上报至设区的市级人民政府安全生产监督管理部门和负有安全生产监督管理职责的有关部门。

安全生产监督管理部门和负有安全生产监督管理职责的有关部门依照前款规定上报事故情况，应当同时报告本级人民政府。国务院安全生产监督管理部门和负有安全生产监督管理职责的有关部门以及省级人民政府接到发生特别重大事故、重大事故的报告后，应当立即报告国务院。

必要时，安全生产监督管理部门和负有安全生产监督管理职责的有关部门可以越级上报事故情况。

第十一条　安全生产监督管理部门和负有安全生产监督管理职责的有关部门逐级上报事故情况，每级上报的时间不得超过 2 小时。

第十二条　报告事故应当包括下列内容：

（一）事故发生单位概况；

（二）事故发生的时间、地点以及事故现场情况；

（三）事故的简要经过；

（四）事故已经造成或者可能造成的伤亡人数（包括下落不明的人数）和初步估计的直接经济损失；

（五）已经采取的措施；

（六）其他应当报告的情况。

第十三条　事故报告后出现新情况的，应当及时补报。

自事故发生之日起 30 日内，事故造成的伤亡人数发生变化的，应当及时补报。道路交通事故、火灾事故自发生之日起 7 日内，事故造成的伤亡人数发生变化的，应当及时补报。

第十四条　事故发生单位负责人接到事故报告后，应当立即启动事故相应应急预案，或者采取有效措施，组织抢救，防止事故扩大，减少人员伤亡和财产损失。

第十五条　事故发生地有关地方人民政府、安全生产监督管理部门和负有安全生产监督管理职责的有关部门接到事故报告后，其负责人应当立即赶赴事故现场，组织事故救援。

第十六条　事故发生后，有关单位和人员应当妥善保护事故现场以及相关证据，任何单位和个人不得破坏事故现场、毁灭相关证据。

因抢救人员、防止事故扩大以及疏通交通等原因，需要移动事故现场物件的，应当做出标志，绘制现场简图并做出书面记录，妥善保存现场重要痕迹、物证。

第十七条　事故发生地公安机关根据事故的情况，对涉嫌犯罪的，应当依法立案侦查，采取强制措施和侦查措施。犯罪嫌疑人逃匿的，公安机关应当迅速追捕归案。

第十八条　安全生产监督管理部门和负有安全生产监督管理职责的有关部门应当建立值班制度，并向社会公布值班电话，受理事故报告和举报。

第三章　事故调查

第十九条　特别重大事故由国务院或者国务院授权有关部门组织事故调查组进行调查。

重大事故、较大事故、一般事故分别由事故发生地省级人民政府、设区的市级人民政府、县级人民政府负责调查。省级人民政府、设区的市级人民政府、县级人民政府可以直接组织事故调查组进行调查，也可以授权或者委托有关部门组织事故调查组进行调查。

未造成人员伤亡的一般事故，县级人民政府也可以委托事故发生单位组织事故调查组进行调查。

第二十条　上级人民政府认为必要时，可以调查由下级人民政府负责调查的事故。

自事故发生之日起30日内（道路交通事故、火灾事故自发生之日起7日内），因事故伤亡人数变化导致事故等级发生变化，依照本条例规定应当由上级人民政府负责调查的，上级人民政府可以另行组织事故调查组进行调查。

第二十一条　特别重大事故以下等级事故，事故发生地与事故发生单位不在同一个县级以上行政区域的，由事故发生地人民政府负责调查，事故发生单位所在地人民政府应当派人参加。

第二十二条　事故调查组的组成应当遵循精简、效能的原则。

根据事故的具体情况，事故调查组由有关人民政府、安全生产监督管理部门、负有安全生产监督管理职责的有关部门、监察机关、公安机关以及工会派人组成，并应当邀请人民检察院派人参加。

事故调查组可以聘请有关专家参与调查。

第二十三条　事故调查组成员应当具有事故调查所需要的知识和专长，并与所调查的事故没有直接利害关系。

第二十四条　事故调查组组长由负责事故调查的人民政府指定。事故调查组组长主持事故调查组的工作。

第二十五条　事故调查组履行下列职责：

（一）查明事故发生的经过、原因、人员伤亡情况及直接经济损失；

（二）认定事故的性质和事故责任；

（三）提出对事故责任者的处理建议；

（四）总结事故教训，提出防范和整改措施；

（五）提交事故调查报告。

第二十六条　事故调查组有权向有关单位和个人了解与事故有关的情况，并要求其提供相关文件、资料，有关单位和个人不得拒绝。

事故发生单位的负责人和有关人员在事故调查期间不得擅离职守，并应当随时接受事故调查组的询问，如实提供有关情况。

事故调查中发现涉嫌犯罪的，事故调查组应当及时将有关材料或者其复印件移交司法机关处理。

第二十七条　事故调查中需要进行技术鉴定的，事故调查组应当委托具有国家规定资质的单位进行技术鉴定。必要时，事故调查组可以直接组织专家进行技术鉴定。技术鉴定所需时间不计入事故调查期限。

第二十八条 事故调查组成员在事故调查工作中应当诚信公正、恪尽职守，遵守事故调查组的纪律，保守事故调查的秘密。

未经事故调查组组长允许，事故调查组成员不得擅自发布有关事故的信息。

第二十九条 事故调查组应当自事故发生之日起 60 日内提交事故调查报告；特殊情况下，经负责事故调查的人民政府批准，提交事故调查报告的期限可以适当延长，但延长的期限最长不超过 60 日。

第三十条 事故调查报告应当包括下列内容：

（一）事故发生单位概况；

（二）事故发生经过和事故救援情况；

（三）事故造成的人员伤亡和直接经济损失；

（四）事故发生的原因和事故性质；

（五）事故责任的认定以及对事故责任者的处理建议；

（六）事故防范和整改措施。

事故调查报告应当附具有关证据材料。事故调查组成员应当在事故调查报告上签名。

第三十一条 事故调查报告报送负责事故调查的人民政府后，事故调查工作即告结束。事故调查的有关资料应当归档保存。

第四章 事故处理

第三十二条 重大事故、较大事故、一般事故，负责事故调查的人民政府应当自收到事故调查报告之日起 15 日内做出批复；特别重大事故，30 日内做出批复，特殊情况下，批复时间可以适当延长，但延长的时间最长不超过 30 日。

有关机关应当按照人民政府的批复，依照法律、行政法规规定的权限和程序，对事故发生单位和有关人员进行行政处罚，对负有事故责任的国家工作人员进行处分。

事故发生单位应当按照负责事故调查的人民政府的批复，对本单位负有事故责任的人员进行处理。

负有事故责任的人员涉嫌犯罪的，依法追究刑事责任。

第三十三条 事故发生单位应当认真吸取事故教训，落实防范和整改措施，防止事故再次发生。防范和整改措施的落实情况应当接受工会和职工的监督。

安全生产监督管理部门和负有安全生产监督管理职责的有关部门应当对事故发生单位落实防范和整改措施的情况进行监督检查。

第三十四条 事故处理的情况由负责事故调查的人民政府或者其授权的有关部门、机构向社会公布，依法应当保密的除外。

第五章 法律责任

第三十五条 事故发生单位主要负责人有下列行为之一的，处上一年年收入40%至80%的罚款；属于国家工作人员的，并依法给予处分；构成犯罪的，依法追究刑事责任：

（一）不立即组织事故抢救的；

（二）迟报或者漏报事故的；

（三）在事故调查处理期间擅离职守的。

第三十六条 事故发生单位及其有关人员有下列行为之一的，对事故发生单位处100万元以上500万元以下的罚款；对主要负责人、直接负责的主管人员和其他直接责任人员处上一年年收入60%至100%的罚款；属于国家工作人员的，并依法给予处分；构成违反治安管理行为的，由公安机关依法给予治安管理处罚；构成犯罪的，依法追究刑事责任：

（一）谎报或者瞒报事故的；

（二）伪造或者故意破坏事故现场的；

（三）转移、隐匿资金、财产，或者销毁有关证据、资料的；

（四）拒绝接受调查或者拒绝提供有关情况和资料的；

（五）在事故调查中作伪证或者指使他人作伪证的；

（六）事故发生后逃匿的。

第三十七条　事故发生单位对事故发生负有责任的，依照下列规定处以罚款：

（一）发生一般事故的，处10万元以上20万元以下的罚款；

（二）发生较大事故的，处20万元以上50万元以下的罚款；

（三）发生重大事故的，处50万元以上200万元以下的罚款；

（四）发生特别重大事故的，处200万元以上500万元以下的罚款。

第三十八条　事故发生单位主要负责人未依法履行安全生产管理职责，导致事故发生的，依照下列规定处以罚款；属于国家工作人员的，并依法给予处分；构成犯罪的，依法追究刑事责任：

（一）发生一般事故的，处上一年年收入30%的罚款；

（二）发生较大事故的，处上一年年收入40%的罚款；

（三）发生重大事故的，处上一年年收入60%的罚款；

（四）发生特别重大事故的，处上一年年收入80%的罚款。

第三十九条　有关地方人民政府、安全生产监督管理部门和负有安全生产监督管理职责的有关部门有下列行为之一的，对直接负责的主管人员和其他直接责任人员依法给予处分；构成犯罪的，依法追究刑事责任：

（一）不立即组织事故抢救的；

（二）迟报、漏报、谎报或者瞒报事故的；

（三）阻碍、干涉事故调查工作的；

（四）在事故调查中作伪证或者指使他人作伪证的。

第四十条　事故发生单位对事故发生负有责任的，由有关部门依法暂扣或者吊销其有关证照；对事故发生单位负有事故责任的有关人员，依法暂停或者撤销其与安全生产有关的执业资格、岗位证书；事故发生单位主要负责人受到刑事处罚或者撤职处分的，自刑罚执行完毕或者受处分之日起，5年内不得担任任何生产经营单位的主要负责人。

为发生事故的单位提供虚假证明的中介机构，由有关部门依法暂扣或者吊销其有关证照及其相关人员的执业资格；构成犯罪的，依法追究刑事责任。

第四十一条 参与事故调查的人员在事故调查中有下列行为之一的，依法给予处分；构成犯罪的，依法追究刑事责任：

（一）对事故调查工作不负责任，致使事故调查工作有重大疏漏的；

（二）包庇、袒护负有事故责任的人员或者借机打击报复的。

第四十二条 违反本条例规定，有关地方人民政府或者有关部门故意拖延或者拒绝落实经批复的对事故责任人的处理意见的，由监察机关对有关责任人员依法给予处分。

第四十三条 本条例规定的罚款的行政处罚，由安全生产监督管理部门决定。

法律、行政法规对行政处罚的种类、幅度和决定机关另有规定的，依照其规定。

第六章 附 则

第四十四条 没有造成人员伤亡，但是社会影响恶劣的事故，国务院或者有关地方人民政府认为需要调查处理的，依照本条例的有关规定执行。

国家机关、事业单位、人民团体发生的事故的报告和调查处理，参照本条例的规定执行。

第四十五条 特别重大事故以下等级事故的报告和调查处理，有关法律、行政法规或者国务院另有规定的，依照其规定。

第四十六条 本条例自2007年6月1日起施行。国务院1989年3月29日公布的《特别重大事故调查程序暂行规定》和1991年2月22日公布的《企业职工伤亡事故报告和处理规定》同时废止。

三、《国务院关于特大安全事故行政责任追究的规定》

第一条 为了有效地防范特大安全事故的发生，严肃追究特大安全事故的行政责任，保障人民群众生命、财产安全，制定本规定。

第二条 地方人民政府主要领导人和政府有关部门正职负责人对下列特大安全事故的防范、发生，依照法律、行政法规和本规定的规定有失职、渎职情形或者负有领导责任的，依照本规定给予行政处分；构成玩忽职守罪或者其他罪的，依法追究刑事责任：

（一）特大火灾事故；

（二）特大交通安全事故；

（三）特大建筑质量安全事故；

（四）民用爆炸物品和化学危险品特大安全事故；

（五）煤矿和其他矿山特大安全事故；

（六）锅炉、压力容器、压力管道和特种设备特大安全事故；

（七）其他特大安全事故。

地方人民政府和政府有关部门对特大安全事故的防范、发生直接负责的主管人员和其他直接责任人员，比照本规定给予行政处分；构成玩忽职守罪或者其他罪的，依法追究刑事责任。

特大安全事故肇事单位和个人的刑事处罚、行政处罚和民事责任，依照有关法律、法规和规章的规定执行。

第三条 特大安全事故的具体标准，按照国家有关规定执行。

第四条 地方各级人民政府及政府有关部门应当依照有关法律、法规和规章的规定，采取行政措施，对本地区实施安全监督管理，保障本地区人民群众生命、财产安全，对本地区或者职责范围内防范特大安全事故的发生、特大安全事故发生后的迅速和妥善处理负责。

第五条 地方各级人民政府应当每个季度至少召开一次防范特大安全事故工作会议，由政府主要领导人或者政府主要领导人委托政府分管领导人召集有关部门正职负责人参加，分析、布置、督促、检查本地区防范特大安全事故的工作。会议应当作出决定并形成纪要，会议确定的各项防范措施必须严格实施。

第六条 市（地、州）、县（市、区）人民政府应当组织有关部门按照职责分工对本地区容易发生特大安全事故的单位、设施和场所安全事故的防范明确责任、采取措施，并组织有关部门对上述单位、设施和场所进行严格检查。

第七条 市（地、州）、县（市、区）人民政府必须制定本地区特大安全事故应急处理预案。本地区特大安全事故应急处理预案经政府主要领导人签署后，报上一级人民政府备案。

第八条 市（地、州）、县（市、区）人民政府应当组织有关部门对本规定第二条所列各类特大安全事故的隐患进行查处；发现特大安全事故隐患的，责令立即排除；特大安全事故隐患排除前或者排除过程中，无法保证安全的，责令暂时停产、停业或者停止使用。法律、行政法规对查处机关另有规定的，依照其规定。

第九条 市（地、州）、县（市、区）人民政府及其有关部门对本地区存在的特大安全事故隐患，超出其管辖或者职责范围的，应当立即向有管辖权或者负有职责的上级人民政府或者政府有关部门报告；情况紧急的，可以立即采取包括责令暂时停产、停业在内的紧急措施，同时报告；有关上级人民政府或者政府有关部门接到报告后，应当立即组织查处。

第十条 中小学校对学生进行劳动技能教育以及组织学生参加公益劳动等社会实践活动，必须确保学生安全。严禁以任何形式、名义组织学生从事接触易燃、易爆、有毒、有害等危险品的劳动或者其他危险性劳动。严禁将学校场地出租作为从事易燃、易爆、有毒、有害等危险品的生产、经营场所。

中小学校违反前款规定的，按照学校隶属关系，对县（市、区）、乡（镇）人民政府主要领导人和县（市、区）人民政府教育行政部门正职负责人，根据情节轻重，给予记过、降级直至撤职的行政处分；构成玩忽职守罪或者其他罪的，依法追究刑事责任。

中小学校违反本条第一款规定的，对校长给予撤职的行政处分，对直接组织者给予开除公职的行政处分；构成非法制造爆炸物罪或者其他罪的，依法追究刑事责任。

第十一条 依法对涉及安全生产事项负责行政审批（包括批准、核准、许可、注册、认证、颁发证照、竣工验收等，下同）的政府部门或者机构，必须严格依照法律、法规和规章规定的安全条件和程序进行审查；不符合法律、法规和规章规定的安全条件的，不得批准；不符合法律、法规和规章规定的安全条件，弄虚作假，骗取批准或者勾结串通行政审批工作人员取得批准的，负责行政审批的政府部门或者机构除必须立即撤销原批准外，应当对弄虚作假骗取批准或者勾结串通行政审批工作人员的当事人依法给予行政处罚；构成行贿罪或者其他罪的，依法追究刑事责任。

负责行政审批的政府部门或者机构违反前款规定，对不符合法律、法规和规章规定的安全条件予以批准的，对部门或者机构的正职负责人，根据情节轻重，给予降级、撤职直至开除公职的行政处分；与当事人勾结串通的，应当开除公职；构成受贿罪、玩忽职守罪或者其他罪的，依法追究刑事责任。

第十二条 对依照本规定第十一条第一款的规定取得批准的单位和个人，负责行政审批的政府部门或者机构必须对其实施严格监督检查；发现其不再具备安全条件的，必须立即撤销原批准。

负责行政审批的政府部门或者机构违反前款规定，不对取得批准的单位和个人实施严格监督检查，或者发现其不再具备安全条件而不立即撤销原批准的，对部门或者机构的正职负责人，根据情节轻重，给予降级或者撤职的行政处分；构成受贿罪、玩忽职守罪或者其他罪的，依法追究刑事责任。

第十三条 对未依法取得批准，擅自从事有关活动的，负责行政审批的政府部门或者机构发现或者接到举报后，应当立即予以查封、取缔，并依法给予行政处罚；属于经营单位的，由工商行政管理部门依法相应吊销营业执照。

负责行政审批的政府部门或者机构违反前款规定，对发现或者举报的未依法取得批准而擅自从事有关活动的，不予查封、取缔，不依法给予行政处罚，工商行政管理部门不予吊销营业执照的，对部门或者机构的正职负责人，根据情节轻重，给予降级或者撤职的行政处分；构成受贿罪、玩忽职守罪或者其他罪的，依法追究刑事责任。

第十四条　市（地、州）、县（市、区）人民政府依照本规定应当履行职责而未履行，或者未按照规定的职责和程序履行，本地区发生特大安全事故的，对政府主要领导人，根据情节轻重，给予降级或者撤职的行政处分；构成玩忽职守罪的，依法追究刑事责任。

负责行政审批的政府部门或者机构、负责安全监督管理的政府有关部门，未依照本规定履行职责，发生特大安全事故的，对部门或者机构的正职负责人，根据情节轻重，给予撤职或者开除公职的行政处分；构成玩忽职守罪或者其他罪的，依法追究刑事责任。

第十五条　发生特大安全事故，社会影响特别恶劣或者性质特别严重的，由国务院对负有领导责任的省长、自治区主席、直辖市市长和国务院有关部门正职负责人给予行政处分。

第十六条　特大安全事故发生后，有关县（市、区）、市（地、州）和省、自治区、直辖市人民政府及政府有关部门应当按照国家规定的程序和时限立即上报，不得隐瞒不报、谎报或者拖延报告，并应当配合、协助事故调查，不得以任何方式阻碍、干涉事故调查。

特大安全事故发生后，有关地方人民政府及政府有关部门违反前款规定的，对政府主要领导人和政府部门正职负责人给予降级的行政处分。

第十七条　特大安全事故发生后，有关地方人民政府应当迅速组织救助，有关部门应当服从指挥、调度，参加或者配合救助，将事故损失降到最低限度。

第十八条 特大安全事故发生后，省、自治区、直辖市人民政府应当按照国家有关规定迅速、如实发布事故消息。

第十九条 特大安全事故发生后，按照国家有关规定组织调查组对事故进行调查。事故调查工作应当自事故发生之日起60日内完成，并由调查组提出调查报告；遇有特殊情况的，经调查组提出并报国家安全生产监督管理机构批准后，可以适当延长时间。调查报告应当包括依照本规定对有关责任人员追究行政责任或者其他法律责任的意见。

省、自治区、直辖市人民政府应当自调查报告提交之日起30日内，对有关责任人员作出处理决定；必要时，国务院可以对特大安全事故的有关责任人员作出处理决定。

第二十条 地方人民政府或者政府部门阻挠、干涉对特大安全事故有关责任人员追究行政责任的，对该地方人民政府主要领导人或者政府部门正职负责人，根据情节轻重，给予降级或者撤职的行政处分。

第二十一条 任何单位和个人均有权向有关地方人民政府或者政府部门报告特大安全事故隐患，有权向上级人民政府或者政府部门举报地方人民政府或者政府部门不履行安全监督管理职责或者不按照规定履行职责的情况。接到报告或者举报的有关人民政府或者政府部门，应当立即组织对事故隐患进行查处，或者对举报的不履行、不按照规定履行安全监督管理职责的情况进行调查处理。

第二十二条 监察机关依照行政监察法的规定，对地方各级人民政府和政府部门及其工作人员履行安全监督管理职责实施监察。

第二十三条 对特大安全事故以外的其他安全事故的防范、发生追究行政责任的办法，由省、自治区、直辖市人民政府参照本规定制定。

第二十四条 本规定自公布之日起施行。

参考文献

1. 全国注册安全工程师职业资格考试辅导教材编审委员会. 安全生产管理知识 [M]. 北京：煤炭工业出版社，2004.

2. 全国注册安全工程师职业资格考试辅导教材编审委员会. 安全生产管理知识 [M]. 北京：煤炭工业出版社，2005.

3. 中国安全生产协会注册安全工程师工作委员会. 安全生产管理知识 [M]. 北京：中国大百科全书出版社，2008.

4. 中国安全生产协会注册安全工程师工作委员会. 安全生产技术 [M]. 北京：中国大百科全书出版社，2008.

5. 中国安全生产协会注册安全工程师工作委员会. 安全生产法及相关法律知识 [M]. 北京：中国大百科全书出版社，2008.

6. 国家安全生产监督管理总局. 安全评价（修订版）[M]. 北京：煤炭工业出版社，2002.

7. 崔国璋，董丽娜. 安全生产管理知识 [M]. 北京：中国劳动社会保障出版社，2002.

8. 刘铁民，吴宗之等. 厂长（经理）安全生产管理读本（第二版）[M]. 北京：中国劳动社会保障出版社，2008.

9. 中国就业培训技术指导中心. 安全评价师（第二版）[M]. 北京：中国劳动社会保障出版社，2011.